高等院校计算机教育系列教材

Python 程序设计教程
(微课版)

刘玉宾　丁卫颖　主编

清华大学出版社
北　京

内 容 简 介

Python 语言是一种解释性、面向对象、动态数据类型的高级程序设计语言。Python 语言能够满足开发者的各种需求：Web 开发、GUI 开发、数据库开发、科学计算等。许多大型网站就是用 Python 开发的，例如 YouTube、Instagram，还有国内的豆瓣。学习 Python 语言基础有助于开发者更快地走进 Python 的大门，并选择自己感兴趣的方向深入研究。

本书是针对零基础编程学习者研发的 Python 入门教程。从初学者角度出发，通过通俗易懂的语言、简单有趣的实例，详细地介绍了使用 IDLE 及 Python 框架进行程序设计管理的知识和技术。全书共 14 章，包括 Python 语言基础、流程控制语句、高级数据类型、函数、面向对象程序设计、数据库编程、网络编程、Web 编程、网络爬虫开发等内容。

本书内容全面、语言简练，所有的内容都结合具体的实例、详尽的代码和插图进行讲解，可以让读者轻松领会 Python 程序开发的精髓，快速提高 Python 入门者的程序开发技能。本书适合作为高职或本科院校相关专业的教材，同时也适合从事程序设计领域的初学者学习和参考。

图书在版编目(CIP)数据

Python 程序设计教程：微课版/刘玉宾，丁卫颖主编. —北京：清华大学出版社，2021.6
高等院校计算机教育系列教材
ISBN 978-7-302-58004-1

Ⅰ. ①P… Ⅱ. ①刘… ②丁… Ⅲ. ①软件工具—程序设计—高等学校—教材 ②Python Ⅳ. ① TP311.561

中国版本图书馆 CIP 数据核字(2021)第 070829 号

责任编辑： 魏 莹
封面设计： 刘孝琼
责任校对： 周剑云
责任印制： 刘海龙
出版发行： 清华大学出版社
网 址： http://www.tup.com.cn, http://www.wqbook.com
地 址： 北京清华大学学研大厦 A 座 **邮 编：** 100084
社 总 机： 010-62770175 **邮 购：** 010-62786544
投稿与读者服务： 010-62776969, c-service@tup.tsinghua.edu.cn
质量反馈： 010-62772015, zhiliang@tup.tsinghua.edu.cn
课件下载： http://www.tup.com.cn, 010-62791865
印 装 者： 三河市君旺印务有限公司
经 销： 全国新华书店
开 本： 185mm×260mm **印 张：** 16.25 **字 数：** 390 千字
版 次： 2021 年 6 月第 1 版 **印 次：** 2021 年 6 月第 1 次印刷
定 价： 59.00 元

产品编号：089090-01

前　言

Python 语言是一种动态解释性的编程语言。该语言功能强大、简单易学，支持面向对象、函数式编程。由于 Python 语言的简洁性、易用性，使得程序的开发过程变得简捷，特别适用于快速应用开发。因此越来越多的人使用 Python 语言进行开发。

本书共分 14 章，具体内容如下。

第 1 章以第一个 Python 程序为引，对 Python 进行概述，并对各平台 Python 的安装以及各平台 Python 开发工具进行介绍。

第 2 章详细介绍 Python 的语法特点，然后介绍 Python 中的保留字、标识符、变量、基本数据类型及数据类型间的转换，接下来介绍运算符与表达式，最后介绍通过输入和输出函数进行交互的方法。为后续的学习打下坚实的基础。

第 3 章对 Python 中的流程控制语句进行详细讲解，了解 Python 程序结构和多种流程语句。

第 4 章详细介绍 Python 中内置的常用序列结构，分别是列表、元组、集合、字典。内置的高级数据结构是 Python 的一大特性。

第 5 章主要介绍函数相关的知识，对如何定义和调用函数及函数的参数、变量的作用域、匿名函数等进行详细介绍。

第 6 章在前面介绍字符串的基础上，继续深入学习字符串的相关知识，侧重于介绍操作字符串的方法和正则表达式的应用。

第 7 章主要介绍 Python 中的面向对象程序设计。面向对象程序设计是面向对象语言的核心与重点，该章的学习有助于掌握面向对象设计的思想。

第 8 章主要介绍 Python 中的模块。Python 提供了强大的模块支持，不仅有大量的标准模块，而且还有很多第三方模块，另外开发者也可以开发自定义模块。通过这些强大的模块支持，将极大地提高我们的开发效率。

第 9 章主要介绍常用的异常处理语句，以及如何使用 assert 语句进行调试。掌握异常处理语句有助于提高程序的健壮性，使用 assert 语句则有助于程序的调试。

第 10 章主要介绍在 Python 中如何进行文件和目录的相关操作。有助于编写程序时对文件的处理。

第 11 章主要介绍 Python 中的数据库编程，介绍数据库编程接口的知识，以及使用 SQLite 和 MySQL 存储数据的方法。

第 12 章主要介绍 Python 相关的网络编程知识，网络编程是实际开发中必不可少的重要环节。

第 13 章主要介绍 Python 中的 Web 编程基础知识，如 HTTP 协议、前端基础知识以及 Web 编程框架等，此外，将重点介绍 WSGI 接口，并详细介绍 Flask 框架和 Django 框架的使用。

第 14 章主要介绍通过 Python 语言实现网络爬虫的常用技术，以及常见的网络爬虫框

架，最后将通过一个实战项目详细介绍爬虫爬取数据的整个过程。

本书由唐山师范学院刘玉宾、丁卫颖两位老师共同编写，其中第 1、2、4、5、9、10、11、12、13 章由刘玉宾老师编写，第 3、6、7、8、14 章由丁卫颖老师编写。参与本书编写工作的还有陈艳华、代小华、封素洁、张婷等，在此一并表示感谢。

由于编者水平有限，书中难免有一些不足之处，欢迎同行和读者批评指正。

编　者

目　　录

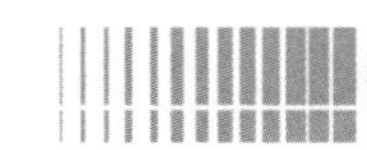

第 1 章
第一个 Python 程序

Python 是一种动态解释性的编程语言。Python 功能强大、简单易学，支持面向对象、函数式编程。Python 可以在 Windows、UNIX 等多种操作系统上使用，也可以在 Java、.NET 开发平台上使用。Python 的简洁性、易用性使得程序的开发过程变得简捷，特别适用于快速应用开发。本章主要介绍 Python 概述、如何搭建 Python 编程环境以及运行 Python 程序，将运行第一个 Python 程序：hello_world.py。

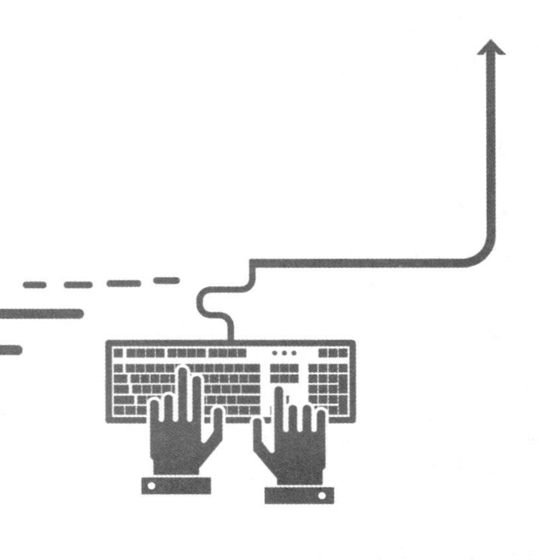

1.1 Python 简介

Python 语言是由 Guido van Rossum 在 1989 年开发的，于 1991 年年初发表。Guido van Rossum 曾是 CWI 公司的一员，使用解释性编程语言 ABC 开发应用程序，这种语言在软件开发上有许多局限性。由于要完成系统管理方面的一些任务，需要获取 Amoeba 机操作系统所提供的系统调用能力，虽然可以设计 Amoeba 的专用语言去实现这个任务，但是 van Rossurn 计划设计一门更通用的程序设计语言。Python 就此诞生了。

Python 语言已经诞生了 20 年，但是并没有成为程序开发领域的主流程序设计语言。这是因为 Python 语言的动态性，程序解释执行的速度比编译型语言慢。随着 Python 语言的不断优化以及计算机硬件技术的迅猛发展，动态语言已经越来越受到软件界的重视。其中的代表语言有 Python、Ruby、SmallTalk、Groovy 等。

众所周知，Java 是软件行业认可的程序开发语言。Java 比 C++更容易使用，内部结构也相对简单。而 Python 的语法特性使得程序设计变得更轻松，Python 能编写出比 Java 可读性更强的代码。随着 Python 等解释器的出现，使得 Python 可以在 Java 虚拟机上运行，同样可以使用 Java 丰富的应用程序包。Python 与读者熟知的 JavaScript 非常相似，都是解释执行，而且语法结构有很多相似之处。JavaScript 是浏览器端的脚本语言，而 Python 也可以用于 Web 方面的开发。

Python 是一种简单易学，功能强大的编程语言，它有高效率的高层数据结构，可以简单而有效地实现面向对象编程。Python 简洁的语法和对动态输入的支持，再加上解释性语言的本质，使得它在大多数平台上的许多领域都是一个理想的脚本语言，特别适用于快速的应用程序开发。

为什么 Python 受到各行各业越来越多的关注呢？主要因为 Python 具有如下这些吸引人的特点。

1. 面向对象

面向对象的程序设计降低了结构化程序设计的复杂性，使得程序设计更贴近现实生活。结构化程序设计把数据和逻辑混合在一起，不便于程序的维护。面向对象的程序设计抽象出对象的行为和属性，把行为和属性分离开，但又合理地组织在一起。Python 语言具有很强的面向对象特性，而且简化了面向对象的实现。它消除了保护类型、抽象类、接口等面向对象的元素，使得面向对象的概念更容易理解。

2. 易学易读

Python 关键字少、结构简单、语法清晰。而且 Python 是一门解释性的高级语言，使用变量前并不需要事先定义，没有其他语言通常用来访问变量、定义代码块和进行模式匹配的命令式符号，在保证了强大功能的前提下使程序通俗易懂，这样就使得学习者可以在相对更短的时间内轻松上手。代码块使用空格或制表键缩进的方式分隔。Python 的代码简洁、短小，易于阅读。Python 简化了循环语句，使程序结构很清晰，方便阅读。

3. 解释性和(字节)编译性

Python 是一种解释性语言，这意味着开发过程中没有了编译这个环节。一般来说，由于不是以本地机器码运行，纯粹的解释性语言通常比编译性语言运行得慢。然而，类似于 Java，Python 实际上是字节编译的，其结果就是可以生成一种近似机器语言的中间形式。这不仅改善了 Python 的性能，还同时使它保持了解释性语言的优点。

4. 内置的数据结构

Python 提供了一些内置的数据结构，这些数据结构实现了类似 Java 中集合类的功能。Python 的数据结构包括元组、列表、字典等。内置的数据结构简化了程序的设计。元组相当于“只读”的数组，列表可以作为可变长度的数组使用，字典相当于 Java 中的 HashTable 类型。

5. 健壮性

Python 提供了异常处理机制，能捕获程序的异常情况。此外，Python 的堆栈跟踪对象能够指出程序出错的位置和出错的原因。异常机制能够避免不安全退出的情况，同时能帮助程序员调试程序。

6. 可扩展性

Python 是采用 C 开发的语言，因此可以使用 C 扩展 Python，可以给 Python 添加新的模块、新的 Python 类可以嵌入到 C、C++语言开发的项目中，使程序具备脚本语言的特性。

7. 动态性

Python 与 JavaScript、PHP、Perl 等语言类似。Python 不需要另外声明变量，直接赋值即可创建一个新的变量。

1.2　Python 的安装

当前，有两个不同的 Python 版本：Python 2.x 和较新的 Python 3.x。每种编程语言都会随着新概念和新技术的推出而不断发展，Python 的开发者也一直致力于丰富和强化其功能。大多数修改都是逐步进行的，几乎意识不到，但如果系统安装的是 Python 3.x，那么有些使用 Python 2.x 编写的代码可能无法正确地运行。

如果系统安装了这两个版本，请使用 Python 3.x；如果没有安装 Python 3.x，请安装 Python 3.x；如果只安装了 Python 2.x，也可直接使用它来编写代码，但还是尽快升级到 Python 3.x 为好，因为这样就能使用最新的 Python 版本了。

说明：本书后续代码均在 Python 3.8 版本下编写。

1.2.1　在 Mac 上安装 Python

1. 下载

首先访问 http://www.python.org/download/去下载需要的 Python 版本，如图 1.1 所示。

图 1.1　下载 Python

2. 单击安装

一路单击安装即可。

3. 验证安装是否成功

在终端输入 python version，查看 Python 当前版本。

1.2.2　在 Linux 上安装 Python

一般情况下，Linux 都会预装 Python，但是这个预装的 Python 版本一般都非常低，很多 Python 的新特性都没有，必须重新安装新一点的版本。

1. 找到安装包

首先访问 http://www.python.org/download/去下载需要的 Python 版本，如图 1.2 所示。

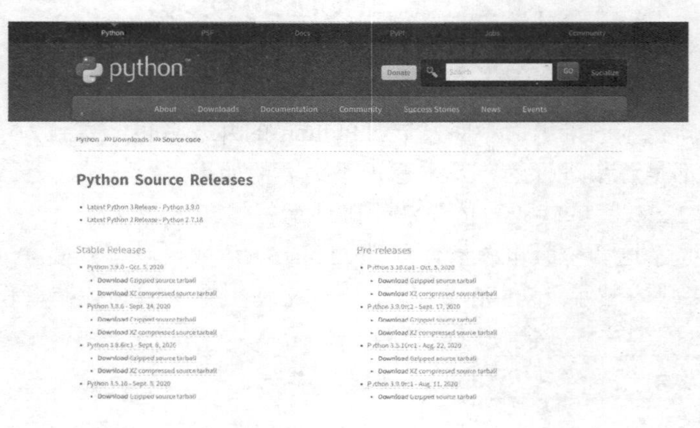

图 1.2　下载 Python

2. 在 Linux 服务器下下载安装包

wget https://www.python.org/ftp/python/3.8.6/Python-3.8.6.tgz

3. 解压安装包

tar -xzf Python-3.8.6.tgz

4. 解压后进入 Python-3.8.6 目录

cd Python-3.8.6

5. 安装

./configure

注意：configure 命令执行完之后，会生成一个 Makefile 文件，这个 Makefile 主要是被下一步的 make 命令所使用。打开 Makefile 就会发现，里边指定了构建的顺序，Linux 需要按照 Makefile 所指定的顺序来构建(build)程序组件。

```
make
```

make 实际上编译你的源代码，并生成执行文件。

再执行 make install 命令

```
make install
```

make install 实际上是把生成的执行文件拷贝到 Linux 系统中必要的目录下，比如拷贝到/usr/local/bin 目录下，这样所有 user 就都能运行这个程序了。

到这里，Python 就算安装完成了。需要说的是，其实其他的 Linux 软件安装也是大同小异的，基本都需要走 configure>make>make install 这样一个过程。

1.2.3　在 Windows 上安装 Python

1. 下载安装包

首先访问 http://www.python.org/download/去下载需要的 Python 版本，如图 1.3 所示。

3.9	bugfix	2020-10-05	2025-10	PEP 596
3.8	bugfix	2019-10-14	2024-10	PEP 569
3.7	security	2018-06-27	2023-06-27	PEP 537
3.6	security	2016-12-23	2021-12-23	PEP 494
3.5	end-of-life	2015-09-13	2020-09-05	PEP 478
2.7	end-of-life	2010-07-03	2020-01-01	PEP 373

Looking for a specific release?

Python releases by version number:

Release version	Release date		Click for more
Python 3.9.0	Oct. 5, 2020	Download	Release Notes
Python 3.8.6	Sept. 24, 2020	Download	Release Notes
Python 3.5.10	Sept. 5, 2020	Download	Release Notes
Python 3.7.9	Aug. 17, 2020	Download	Release Notes
Python 3.6.12	Aug. 17, 2020	Download	Release Notes
Python 3.8.5	July 20, 2020	Download	Release Notes
Python 3.8.4	July 13, 2020	Download	Release Notes
[illegible]	[illegible]	Download	Release Notes

View older releases

图 1.3　下载 Python

2. 安装下载包

双击 exe 程序，一路单击 next。

3. 为计算机添加安装目录搭建环境变量

如图 1.4 所示把 Python 的安装目录添加到 Path 系统变量中即可。

查看有关计算机的基本信息
系统属性
环境变量
编辑系统变量
变量名(N):
Path
变量值(V):
确定
取消
环境变量(N)...

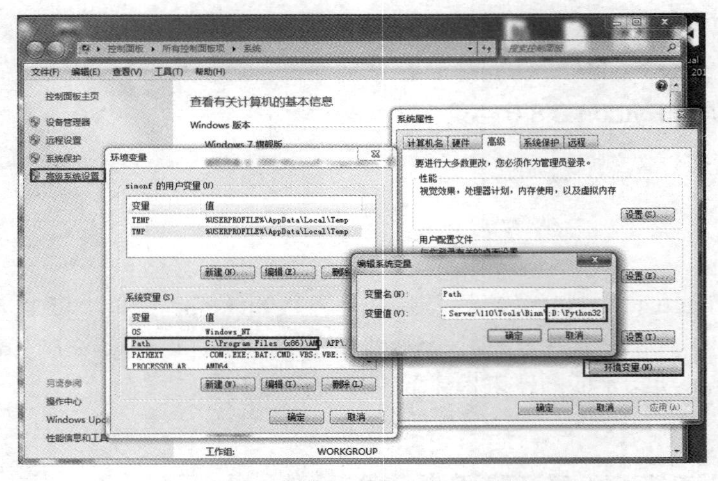

图 1.4　添加 Python 到环境变量

4. 在 cmd 中输入命令验证是否安装成功

python —version

如成功显示版本号，则表示 Python 安装成功。

1.3　第一个 Python 程序

作为程序开发人员，学习新语言的第一步就是输出。学习 Python 也不例外，首先从学习输出简单的词句开始，下面通过两种方法实现同一输出。

1. 在命令行窗口中启动的 Python 解释器中实现

实例 01：在命令行窗口中输入 Hello World!

在命令行窗口中启动的 Python 解释器中输出语句的步骤如下。

(1) 启动命令行窗口，然后在当前的 Python 提示符后面输入 python，并且按 Enter 键，进入到 Python 解释器中。

(2) 在当前的 Python 提示符>>>的右侧输入以下代码，并且按下 Enter 键。

```
print("Hello World!")
```

运行结果如图 1.5 所示。

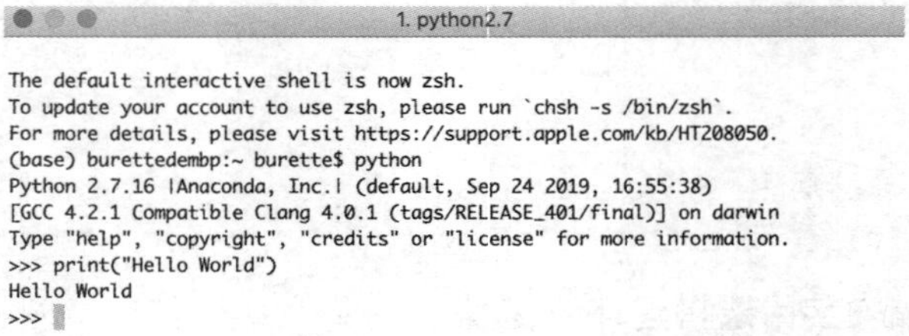

1. python2.7
The default interactive shell is now zsh.
To update your account to use zsh, please run `chsh -s /bin/zsh`.
For more details, please visit https://support.apple.com/kb/HT208050.
(base) burettedembp:~ burette$ python
Python 2.7.16 |Anaconda, Inc.| (default, Sep 24 2019, 16:55:38)
[GCC 4.2.1 Compatible Clang 4.0.1 (tags/RELEASE_401/final)] on darwin
Type "help", "copyright", "credits" or "license" for more information.
>>> print("Hello World")
Hello World
>>>

图 1.5　命令行输出结果

2. 在 Python 自带的 IDLE 中实现

通过实例 01 可以看出，在命令行窗口中的 Python 解释器中编写 Python 代码时，代码颜色是纯色的，不方便阅读。实际上，在安装 Python 时，会自动安装一个开发工具 IDLE，通过它编写 Python 代码时，会用不同的颜色显示代码，这样代码更容易阅读。下面将通过具体的例子演示，实现在 Python 解释器中同样的输出结果。

Mac 下启动 IDLE，在命令行输入 idle 即可。

输入相同的代码，按下 Enter 键后，显示结果，如图 1.6 所示。

```
Python 2.7.16 Shell
Python 2.7.16 |Anaconda, Inc.| (default, Sep 24 2019, 16:55:38)
[GCC 4.2.1 Compatible Clang 4.0.1 (tags/RELEASE_401/final)] on darwin
Type "help", "copyright", "credits" or "license()" for more information.
>>> print("Hello World!")
Hello World!
>>> |
```

图 1.6　IDLE 输出结果

1.4　Python 开发工具

通常情况下，为了提高开发效率，需要使用相应的开发工具。进行 Python 开发也可以使用开发工具。下面详细介绍 Python 自带的 IDLE 和第三方工具 Pycharm。

1.4.1　使用自带的 IDLE 工具

在安装 Python 后，会自动安装 IDLE 工具。它是一个 Python Shell，程序开发人员可以利用 Python Shell 与 Python 交互。下面将详细介绍如何使用 IDLE 开发 Python 程序。

1. 打开 IDLE 并编写代码

以 Mac 平台为例，在命令行下输入“idle”即可打开 IDLE，如图 1.7 所示。

```
Python 2.7.16 Shell
Python 2.7.16 |Anaconda, Inc.| (default, Sep 24 2019, 16:55:38)
[GCC 4.2.1 Compatible Clang 4.0.1 (tags/RELEASE_401/final)] on darwin
Type "help", "copyright", "credits" or "license()" for more information.
>>> |
```

图 1.7　打开 IDLE

在 1.3 小节中我们已经应用 IDLE 输出了简单的语句，但是实际开发时，通常不能只包含一行代码，当需要编写多行代码时，可以单独创建一个文件保存这些代码，在全部编写完成后一起执行。具体方法如下。

在 IDLE 主窗口的菜单栏上选择 File→New File 命令，将打开一个新窗口，如图 1.8 所示。在该窗口中，可以直接编写 Python 代码。输入一行代码后再按下 Enter 键，将自动换到下一行，等待继续输入。

图 1.8　新建的 Python 文件窗口

2. IDLE 中常用的快捷键

在程序开发过程中，合理使用快捷键，不但可以减少代码的错误率，而且可以提高开发效率。在 IDLE 中，可通过选择 Options→Cofigure IDLE 菜单命令，在打开的 Settings 对话框的 Keys 选项卡中查看，但是该界面是英文的，不便于查看。为方便读者学习，表 1.1 列出了 IDLE 中一些常用的快捷键。

表 1.1　常用快捷键

快 捷 键	说　明	适 用 于
F1	打开 Python 帮助文档	Python 文件窗口和 Shell 窗口均可用
Alt+P	浏览历史命令(上一条)	仅 Python 文件窗口可用
Alt+N	浏览历史命令(下一条)	仅 Python 文件窗口可用
Alt+3	注释代码块	Python 文件窗口和 Shell 窗口均可用
Alt+4	取消代码块注释	仅 Python 文件窗口可用
Alt+g	转到某一行	仅 Python 文件窗口可用
Ctrl+Z	撤销一步操作	仅 Python 文件窗口可用
Ctrl+Shift+Z	恢复上一次的撤销操作	Python 文件窗口和 Shell 窗口均可用
Ctrl+S	保存文件	Python 文件窗口和 Shell 窗口均可用
Ctrl+]	缩进代码块	Python 文件窗口和 Shell 窗口均可用
Ctrl+[	取消代码块缩进	仅 Python 文件窗口可用
Ctrl+F6	重新启动 Python Shell	仅 Python 文件窗口可用
		仅 Python Shell 窗口可用

1.4.2　常用的第三方开发工具

除了 Python 自带的 IDLE 以外，还有很多能够进行 Python 编程的开发工具。下面将对几个常用的第三方开发工具进行简要介绍。

1. Pycharm

Pycharm 是由 JetBrains 公司开发的一款 Python 开发工具。在 Windows、Mac OS 和 Linux 操作系统中都可以使用。它具有语法高亮显示、Project(项目)管理代码跳转、智能提示、自动完成、调试、单元测试和版本控制等一般开发工具都具有的功能。另外，它还支

持在 Django(Python 的 Web 开发框架)下进行 Web 开发。

说明： Pycharm 的官方网站为 http://www.jetbrains.com/pycharm/，在该网站中，提供两个版本的 Pycharm，一个是社区版(免费并且提供源程序)，另一个是专业版(免费试用)。读者可以根据需要选择下载版本。

注意： 本书后续的代码主要在 Pycharm 中完成。

2. Microsoft Visual Studio

Microsoft Visual Studio 是 Microsoft(微软)公司开发的用于进行 C# 和 ASP.NET 等应用开发的工具。Visual Studio 也可以作为 Python 的开发工具，只需要在安装时选择安装 PTVS 插件即可。安装完 PTVS 插件后，在 Visual Studio 中就可以进行 Python 应用的开发了。

说明： PTVS 插件是一个自由开源的插件，它支持编辑、浏览、智能感知、混合 Python/C+调试、性能分析、HPC 集群、Django(Python 的 Web 开发框架)，并适用于 Windows、Linux 和 Mac OS 的客户端的云计算。

1.5　本章小结

本章首先对 Python 进行了简要的介绍，然后介绍了搭建 Python 开发环境的方法，接下来又介绍了使用两种方法编写第一个 Python 程序，最后介绍了如何使用 Python 自带的 IDLE，以及常用的第三方开发工具。搭建 Python 开发环境和使用自带的 IDLE 是本章学习的重点。在学习了本章的内容后，希望读者能够搭建完成学习时需要的开发环境，并且完成第一个 Python 程序，迈出 Python 开发的第一步。

第 2 章 Python 语言基础

熟练掌握一门编程语言，最好的方法就是充分了解、掌握基础知识，并亲自体验，多敲代码，熟能生巧。

从本章开始，我们将正式踏上 Python 开发之旅，体验 Python 带给我们的简单、快乐。本章将详细介绍 Python 的语法特点，然后介绍 Python 中的保留字、标识符、变量、基本数据类型及数据类型间的转换，接下来介绍运算符与表达式，最后介绍通过输入和输出函数进行交互的方法。

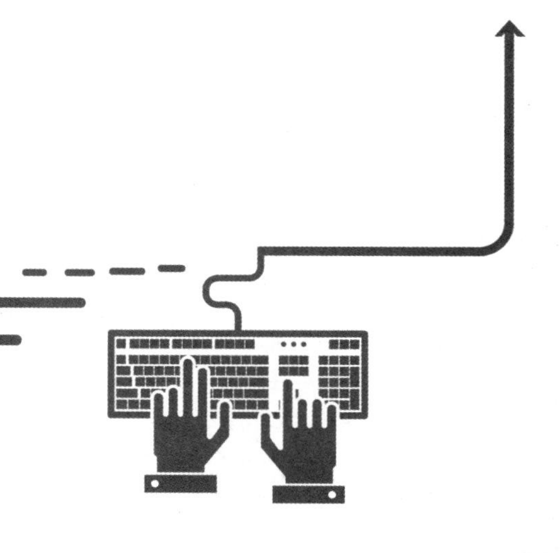

2.1 Python 语法的简要说明

学习 Python 需要了解它的语法特点，如注释规则、代码缩进、编码规范等。下面将详细介绍 Python 的这些语法特点。

2.1.1 注释

手机卖场中的手机价格标签，对手机的品牌、型号、网络制式、屏幕尺寸、CPU 型号、分辨率、机身内存、扩展内存等信息进行说明，如图 2.1 所示。在程序中，注释就是对代码的解释和说明，如同价格标签一样，让他人了解代码实现的功能，从而帮助程序员更好地阅读代码。注释的内容将被 Python 解释器忽略，并不会在执行结果中体现出来。

型号 配置参数	华为P40	华为P40 Pro	华为P40 Pro+
网络制式	支持联通/电信5G/4G+/4G/3G/2G，移动 5G/4G+/4G/2G		
屏幕尺寸	6.1英寸（对角线长度）	6.58英寸（对角线长度）	6.58英寸（对角线长度）
CPU型号	麒麟990 5G 八核	麒麟990 5G 八核	麒麟990 5G 八核
分辨率	2340×1080分辨率	2640×1200分辨率	2640×1200分辨率
机身内存	6+128G/ 8+128G/ 8+256G	8+128G/ 8+256G/ 8+512G	8+256G/ 8+512G
扩展内存	支持256GB NM存储卡（非标配，需另行购买）		

图 2.1 手机的价格标签相当于注释

在 Python 中，通常包括 3 种类型的注释，分别是单行注释、多行注释和中文编码声明注释。

1. 单行注释

在 Python 中，使用#作为单行注释的符号。从符号#开始直到换行为止， #后面所有的内容都作为注释的内容，并被 Python 编译器忽略。

语法如下：

```
#注释内容
```

单行注释可以放在要注释代码的前一行，也可以放在要注释代码的右侧。例如，下面的两种注释形式都是正确的。

第一种形式：

```
#要求输入体重,单位为 kg,如 65
weight=float(input("请输入您的体重："))
```

第二种形式：

```
weight = float(input("请输入您的体重：")) #要求输入体重,单位为 kg,如 65
```

上面两种形式的运行结果是相同的。

说明：在添加注释时，一定要有意义，即注释能充分解释代码的功能及用途。

2. 多行注释

在 Python 中，并没有一个单独的多行注释标记，而是将包含在一对三引号('''......''')或者("""......""")之间，并且不属于任何语句的内容都可视为注释，这样的代码将被解释器忽略。由于这样的代码可以分为多行编写，所以也称为多行注释。

语法格式如下：

```
'''
注释内容 1
注释内容 2
......
'''
```

或者

```
"""
注释内容 1
注释内容 2
......
"""
```

多行注释通常用来为 Python 文件、模块、类或者函数等添加版权、功能等信息。例如，下面代码将使用多行注释为 demo.py 文件添加版权、功能及修改日志等信息：

```
'''
@版权所有：百度科技有限公司©版权所有
@文件名：demo.py
@文件功能描述：根据身高、体重计算 BMI 指数
@创建日期：2020 年 7 月 20 日
@创建人：李明
@修改标识：2020 年 7 月 20 日
@修改描述：增加根据 BMI 指数判断身材是否合理的功能代码
@修改日期：2020 年 7 月 20 日
'''
```

注意： 在 Python 中，三引号('''......''')或者("""......""")是字符串定界符。如果三引号作为语句的一部分出现时，就不是注释，而是字符串，这一点要注意区分。例如，如下所示的代码为多行注释：

```
'''
@文件功能描述：根据身高、体重计算 BMI 指数
@创建人：李明
@修改日期：2020 年 7 月 20 日
'''
```

而如下所示的代码为字符串：

```
print('''''根据身高、体重计算 BMI 指数''')
```

3. 中文编码声明注释

在 Python 中，还提供了一种特殊的中文编码声明注释，该注释的出现主要是为了解决 Python 2.x 中不支持直接写中文的问题。虽然在 Python 3.x 中，该问题已经不存在了。但是为了规范页面的编码，同时方便其他程序员及时了解文件所用的编码，建议在文件开始加上中文编码声明注释。

语法格式如下：

```
#-*-coding：编码-*-
```

或者：

```
#coding=编码
```

在上面的语法中，编码为文件所使用的字符编码类型，如果采用 UTF-8 编码，则设置为 utf-8；如果采用 GBK 编码，则设置为 gbk 或 cp936。

例如，指定编码为 UTF-8，可以使用下面的中文编码声明注释：

```
#-*-coding：utf-8
```

说明：在上面的代码中，“-*-”没有特殊的作用，只是为了美观才加上的。所以上面的代码也可以使用“#coding: utf-8”代替。

另外，下面的代码也是正确的中文编码声明注释：

```
#coding=utf-8
```

2.1.2 代码缩进

Python 不像其他程序设计语言(如 Java 或者 C 语言)采用大括号{}分隔代码块，而是采用代码缩进和冒号(:)区分代码之间的层次。

说明：缩进可以使用空格或者 Tab 键实现。其中，使用空格时，通常情况下采用 4 个空格作为一个缩进量，而使用 Tab 键时，则采用一个 Tab 键作为一个缩进量。建议采用空格进行缩进。

在 Python 中，对于类定义、函数定义、流程控制语句、异常处理语句等，行尾的冒号和下一行的缩进表示一个代码块的开始，而缩进结束，则表示一个代码块的结束。

例如，下面代码中的缩进为正确的缩进：

```
height=float(input("请输入您的身高："))#输入身高
weight=float(input("请输入您的体重："))#输入体重
bmi=weight/(height*height)#计算 BMI 指数

#判断身材是否合理
if bmi < 18.5:
print("您的 BMI 指数为："+str(bmi))#输出 BMI 指数
```

```
print("体重过轻~@@")
if bmi >= 18.5andbmi<24.9:
print("您的 BMI 指数为: "+str(bmi))#输出 BMI 指数
print("正常范围,注意保持(-_-)")
if bmi >= 24.9andbmi<29.9:
print("您的 BMI 指数为: "+str(bmi))#输出 BMI 指数
print("体重过重~@_")
ifbmi>=29.9:
print("您的 BMI 指数为: "+str(bmi))#输出 BMI 指数
print("肥胖^@_@^")
```

Python 对代码的缩进要求非常严格，同一个级别的代码块的缩进量必须相同。如果不采用合理的代码缩进，将抛出 SyntaxError 异常。例如，代码中有的缩进量是 4 个空格，还有的是 3 个空格，就会出现 SyntaxError 错误。

2.1.3　编码规范

下面给出两段实现同样功能的代码：

```
'''
@功能: 根据身高、体重计算 BMI 指数
@author: burette
@create: 2020-07-20
'''
#代码段一
height=float(input("请输入您的身高: "))#输入身高
weight=float(input("请输入您的体重: "))#输入体重
bmi=weight/(height*height)#计算 BMI 指数
print("您的 BMI 指数为: "+str(bmi))

#判断身材是否合理
ifbmi<18.5:
print("体重过轻~@@")
ifbmi>=18.5andbmi<24.9:
print("正常范围,注意保持(-_-)")
ifbmi>=24.9andbmi<29.9:
print("体重过重~@_")
ifbmi>=29.9:
print("肥胖^@_@^")
#代码段二

#输入身高和体重
height=float(input("请输入您的身高: "))
weight=float(input("请输入您的体重: "))
bmi=weight/(height*height)#计算 BMI 指数
print("您的 BMI 指数为: "+str(bmi))

#判断身材是否合理
ifbmi<18.5: print("体重过轻~@@")
ifbmi>=18.5andbmi<24.9:
```

```
print("正常范围,注意保持(-_-)")
ifbmi>=24.9andbmi<29.9: print("体重过重~@_")
ifbmi>=29.9:
print("肥胖^@_@^")
```

以上为两段功能相同的 Python 代码，代码段一的代码段看上去比代码段二的代码段更加规整，阅读起来也会比较轻松、畅快，这是一种最基本的代码编写规范。遵循一定的代码编写规则和命名规范可以使代码更加规范化，对代码的理解与维护都会起到至关重要的作用。

本节将对 Python 代码的编写规则以及命名规范进行介绍。

1. 编写规则

Python 中采用 PEP8 作为编码规范，其中 PEP 是 PythonEnhancementProposal(Python 增强建议书)的缩写，而“PEP8”中的“8”表示版本号。PEP8 是 Python 代码的样式指南。下面给出 PEP8 编码规范中的一些应该严格遵守的条目。

(1) 每个 import 语句只导入一个模块，应当尽量避免一次导入多个模块。推荐的写法为：

```
import os
import sys
```

不推荐的写法为：

```
import os,sys
```

(2) 不要在行尾添加分号“;”，也不要用分号将两条命令放在同一行。以下写法所示的代码为不规范的写法：

```
height=float(input("请输入您的身高"));
weight=float(input("请输入您的体重"));
```

(3) 建议每行不超过 80 个字符，如果超过，建议使用小括号“()”将多行内容隐式地连接起来，而不推荐使用反斜杠“\”进行连接。例如，如果一个字符串文本不能在一行上完全显示，那么可以使用小括号“()”将其分行显示，代码如下：

```
s =("我一直认为我是一只蜗牛。我一直在爬,也许还没有爬到金字塔的顶端。"
"但是只要你在爬,就足以给自己留下令生命感动的日子。")
```

以下通过反斜杠“\”进行连接的做法是不推荐使用的：

```
s=("我一直认为我是一只蜗牛。我一直在爬,也许还没有爬到金字塔的顶端。\
但是只要你在爬,就足以给自己留下令生命感动的日子。")
```

不过以下两种情况除外：

① 导入模块的语句过长。

② 注释里的 URL。

(4) 使用必要的空行可以增加代码的可读性。一般在顶级定义(如函数或者类的定义)之间空两行，而方法定义之间空一行。另外，在用于分隔某些功能的位置也可以空一行。

(5) 通常情况下，运算符两侧、函数参数之间、“,”两侧建议使用空格进行分隔。

(6) 应该避免在循环中使用“+”和“+=”运算符累加字符串。这是因为字符串是不可变的，这样做会创建不必要的临时对象。推荐将每个子字符串加入列表，然后在循环结束后使用 join()方法连接列表。

(7) 适当使用异常处理结构提高程序容错性，但不能过多依赖异常处理结构，适当的显式判断还是必要的。

说明： 在编写 Python 程序时，建议严格遵循 PEP8 编码规范。完整的 Python 编码规范请参考 PEP8。

2. 命名规范

命名规范在编写代码中起到很重要的作用，虽然不遵循命名规范，程序也可以运行，但是使用命名规范可以更加直观地了解代码所代表的含义。本节将介绍 Python 中常用的一些命名规范。

- 模块名尽量短小，并且全部使用小写字母，可以使用下划线分隔多个字母。例如，game_main、game_register、bmiexponent 都是推荐使用的模块名称。
- 包名尽量短小，并且全部使用小写字母，不推荐使用下划线。例如，com.baidu、com.baidu、com.baidu.book 都是推荐使用的包名称，而 com_baidu 就是不推荐的。
- 类名采用单词首字母大写形式(即 Pascal 风格)。例如，定义一个借书类，可以命名为 BorrowBook。
- 模块内部的类采用下划线“_”+Pascal 风格的类名组成。例如，在 BorrowBook 类中的内部类，可以使用_BorrowBook 命名。
- 函数、类的属性和方法的命名规则同模块类似，也是全部使用小写字母，多个字母间用下划线。
- 常量命名时全部使用大写字母，可以使用下划线。
- 使用单下划线“_”开头的模块变量或者函数是受保护的，在使用 fromxxximport*语句从模块中导入时，这些变量或者函数不能被导入。
- 使用双下划线“_ _”开头的实例变量或方法是类私有的。

2.2　保留字与标识符

2.2.1　保留字

保留字符是 Python 语言中一些已经被赋予特定意义的单词。开发程序时，不可以把这些保留字作为变量、函数、类、模块和其他对象的名称来使用。Python 语言中的保留字如表 2.1 所示。

表 2.1　Python 中的保留字

and	as	assert	break	class	continue
def	del	elif	else	except	finally
for	from	False	global	if	import
in	is	lambda	nonlocal	not	None
or	pass	raise	return	try	True
while	with	yield			

注意：Python 中所有保留字是区分字母大小写的。例如，if 是保留字，但是 IF 就不属于保留字。

提示：Python 中的保留字可以通过如下代码进行查看。

```
import keyword
print(keyword.kwlist)
```

2.2.2　标识符

标识符可以简单地理解为一个名字(比如每个人都有自己的名字)它主要用来标识变量、函数、类、模块和其他对象的名称。

Python 语言标识符命名规则如下。

- 由字母、下划线“_”和数字组成。第一个字符不能是数字，目前 Python 中只允许使用 ISO-Latin 字符集中的字符 A～Z 和 a～z。
- 不能使用 Python 中的保留字。
- 区分字母大小写。
- 在 Python 中，标识符中的字母是严格区分大小写的，两个同样的单词，如果大小写格式不一样，所代表的意义是完全不同的。
- Python 中以下划线开头的标识符有特殊意义，一般应避免使用相似的标识符。

以单下划线开头的标识符(如_width)表示不能直接访问的类属性，另外，也不能通过“from xxx import *”导入；以双下划线开头的标识符(如__add)表示类的私有成员；以双下划线开头和结尾的是 Python 里专用的标识，如__init__()表示构造函数。

2.3　变　　量

2.3.1　理解 Python 中的变量

在 Python 中，变量严格意义上应该称为“名字”，也可以理解为标签。如果将值“学会 Python 还可以飞”赋给 python，那么 python 就是变量。在大多数编程语言中，都把这一过程称为“把值存储在变量中”，意思是在计算机内存中的某个位置。字符串序列“学会 Python 还可以飞”已经存在。你不需要准确地知道它们到底在哪里，只要告诉

Python 这个字符串序列的名字是 python，就可以通过这个名字来引用这个字符串序列了。这个过程就像快递员取快递一样，内存就像一个巨大的货物架，在 Python 中定义变量就如同给快递盒子贴标签。

你的快递存放在货物架上，上面贴着写有你名字的标签。当你来取快递时，并不需要知道它们存放在这个大型货架的具体位置，只需要提供你的名字，快递员就会把你的快递交给你。实际上，变量也一样，你不需要知道信息存储在内存中的准确位置，只需要记住存储变量时所用的名字，再调用这个名字就可以了。

2.3.2　变量的定义与使用

在 Python 中，不需要先声明变量名及其类型，直接赋值即可创建各种类型的变量。但是变量的命名并不是任意的，应遵循以下几条规则。

- 变量名必须是一个有效的标识符。
- 变量名不能使用 Python 中的保留字。
- 慎用小写字母 l 和大写字母 O。
- 应选择有意义的单词作为变量名。

为变量赋值可以通过等号(=)来实现。语法格式为：

```
变量名=value
```

例如，创建一个整型变量，并为其赋值为 1024，可以使用下面的语句：

```
number=1024#创建变量 number 并赋值为 1024,该变量为数值型
```

这样创建的变量就是数值型的变量。如果直接为变量赋值一个字符串值，那么该变量即为字符串类型。例如下面的语句：

```
nickname="唐家三少"#字符串类型的变量
```

另外，Python 是一种动态类型的语言，也就是说，变量的类型可以随时变化。例如，在 Pycharm 中，创建变量 nickname，并赋值为字符串“唐家三少”，然后输出该变量的类型，可以看到该变量为字符串类型。也可以将该变量赋值为数值 1024，并输出该变量的类型，可以看到该变量为整型。执行过程如下：

```
>>>nickname="唐家三少"
>>>print(type(nickname))
<type'str'>
>>>nickname=1024
>>>print(type(nickname))
<type'int'>
```

说明： *在 Python 语言中，使用内置函数 type()可以返回变量类型。*

在 Python 中，允许多个变量指向同一个值。例如：将两个变量都赋值为数字 2048，再分别应用内置函数 id()获取变量的内存地址，将得到相同的结果。执行过程如下：

```
>>>no=number=1024
>>>id(no)
```

```
140206854436088
>>>id(number)
140206854436088
```

说明：在 Python 语言中，使用内置函数 id()可以返回变量所指的内存地址。

注意：常量就是程序运行过程中，值不能改变的量，比如现实生活中的居民身份证号码、数学运算中的π值等，这些都是不会发生改变的，它们都可以定义为常量。在 Python 中，并没有提供定义常量的保留字。不过在 PEP8 规范中规定了常量由大写字母和下划线组成，但是在实际项目中，常量首次赋值后，还是可以被其他代码修改的。

2.4　基本数据类型

在内存中存储的数据可以有多种类型。例如：一个人的姓名可以用字符型存储，年龄可以使用数值型存储，婚姻状况可以使用布尔型存储。这里的字符型、数值型、布尔型都是 Python 语言中提供的基本数据类型，下面将详细介绍基本数据类型。

2.4.1　数字类型

在生活中，经常使用数字记录比赛得分、公司的销售数据和网站的访问量等信息。在 Python 语言中，提供了数字类型用于保存这些数值，并且它们是不可改变的数据类型。如果修改数字类型变量的值，那么会先把该值存放到内存中，然后修改变量让其指向新的内存地址。

在 Python 语言中，数字类型主要包括整数、浮点数和复数。

1. 整数

整数用来表示整数数值，即没有小数部分的数值。在 Python 语言中，整数包括正整数、负整数和 0，并且它的位数是任意的(当超过计算机自身的计算功能时，会自动转用高精度计算)，如果要指定一个非常大的整数，只需要写出其所有位数即可。

整数类型包括十进制整数、八进制整数、十六进制整数和二进制整数。

(1) 十进制整数：十进制整数的表现形式大家都很熟悉。例如，下面的数值都是有效的十进制整数：

```
31415926535897932384626
6666666666666666666666666666666666666666666666666666666666666666666666
-2018
0
```

在 IDLE 中执行的结果如下：

```
>>>31415926535897932384626
31415926535897932384626L
>>>666666666666666666666666666666666666666666666666666666666666666666666
666666666666666666666666666666666666666666666666666666666666666666666L
>>>-2018
```

```
-2018
>>>0
0
```

说明： 在 Python 2.x 中，如果输入的数比较大时，Python 会自动在其后面加上字母 L(也可能是小写字母 l)。

(2) 八进制整数：由 0～7 组成，进位规则为“逢八进一”，并且以 Oo/00 开头的数，如 Oo123(转换成十进制数为 83)、-Oo123(转换成十进制数为-83)。

注意： 在 Python 3.x 中，八进制数必须以 Oo/00 开头。但在 Python 2.x 中，八进制数可以以 0 开头。

(3) 十六进制整数：由 0～9，A～F 或 a～f 组成，进位规则为“逢十六进一”，并且以 Ox/0X 开头的数，如 Ox25(转换成十进制数为 37)、0Xb0le(转换成十进制数为 45086)。

(4) 二进制整数：由 0 和 1 两个数组成，进位规则是“逢二进一”，如 101(转换成十进制数后为 5)、1010(转换成十进制数后为 10)。

2. 浮点数

浮点数由整数部分和小数部分组成，主要用于处理包括小数的数，例如 1.414、0.5、-1.732、3.1415926535897932384626 等。浮点数也可以使用科学计数法表示，例如 2.7e2、-3.14e5 和 6.16e-2 等。

注意： 在使用浮点数进行计算时，可能会出现小数位数不确定的情况。例如，计算 0.1+0.1 时，将得到想要的 0.2，而计算 0.1+0.2 时，将得到 0.30000000000000004(想要的结果为 0.3)，执行过程如下：

```
>>>0.1+0.1
0.2
>>>0.1+0.2
0.30000000000000004
>>>
```

对于这种情况，所有语言都存在这个问题，暂时忽略多余的小数位数即可。

3. 复数

Python 中的复数与数学中的复数的形式完全一致，都是由实部和虚部组成，并且使用 j 或 J 表示虚部。当表示一个复数时，可以将其实部和虚部相加，例如，一个复数，实部为 3.14，虚部为 12.5j，则这个复数为 3.14+12.5j。

2.4.2 字符串类型

字符串就是连续的字符序列，可以是计算机所能表示的一切字符的集合。在 Python 中，字符串属于不可变序列，通常使用单引号“''”、双引号“""”或者三引号“''''''”或“""""""”括起来。这三种引号形式在语义上没有差别，只是在形式上有些差别。其中单引号和双引号中的字符序列必须在一行上，而三引号内的字符序列可以分布在连续的多行上。例如，定义 3 个字符串类型变量，并且应用 print()函数输出，代码如下：

```
title='我喜欢的名言警句'#使用单引号,字符串内容必须在一行
mot_cn="命运给予我们的不是失望之酒,而是机会之杯。"#使用双引号,字符串内容必须在一行
#使用三引号,字符串内容可以分布在多行
mot_en='''Ourdestinyoffersnotthecupofdespair,
butthechanceofopportunity.'''
print(title)
print(mot_cn)
print(mot_en)
```

💡 **注意：**字符串开始和结尾使用的引号形式必须一致。另外当需要表示复杂的字符串时，还可以嵌套使用引号。例如，下面的字符串也都是合法的。

```
'在 Python 中也可以使用双引号("")定义字符串'
"'(…)nnn'也是字符串"
"""'---'"_"***"""
```

Python 中的字符串还支持转义字符。所谓转义字符是指使用反斜杠“\”对一些特殊字符进行转义。常用的转义字符如表 2.2 所示。

表 2.2 常用的转义字符及其说明

转义字符	说 明
\	续行符
\n	换行符
\0	空
\t	水平制表符
\"	双引号
\'	单引号
\\	一个反斜杠
\f	换页
\0dd	八进制数
\xhh	十六进制数

2.4.3 布尔类型

布尔类型主要用来表示真值和假值。在 Python 中，标识符 True 和 False 被解释为布尔值。另外，Python 中的布尔值可以转换为数值，True 表示 1，False 表示 0。

说明：Python 中的布尔类型的值可以进行数值运算，例如， False+1 的结果为 1。但是不建议对布尔类型的值进行数值运算。在 Python 中，所有的对象都可以进行真值测试。其中，只有下面列出的几种情况得到的值为假，其他对象在 if 或者 while 语句中都表现为真。

- False 或 None。
- 数值中的零，包括 0、0.0、虚数 0。
- 空序列，包括字符串、空元组、空列表、空字典。

- 自定义对象的实例，该对象的_bool__方法返回 False 或者_len_方法返回 0。

2.4.4　数据类型转换

Python 是动态类型的语言，也称为弱语言类型语言，不需要像 Java 或者 C 语言一样在使用变量前声明变量的类型。虽然 Python 不需要先声明变量的类型，但有时仍然需要用到类型转换。例如，在实例中，要想通过一个 print()函数输出提示文字“您的身高：”和浮点型变量 height 的值，就需要将浮点型变量 height 转换为字符串，否则，将显示错误。

```
>>> print("您的身高：" + height)
Traceback (most recent call last):
  File "<stdin>", line 1, in <module>
TypeError: cannot concatenate 'str' and 'float' objects
```

在 Python 中，提供了如表 2.3 所示的函数进行数据类型的转换。

表 2.3　常用类型转换函数及其作用

函　数	作　用
int(x)	将 x 转换成整数类型
float(x)	将 x 转换成浮点数类型
complex(real,[,imag])	创建一个复数
str(x)	将 x 转换为字符串
repr(x)	将 x 转换为表达式字符串
evel(str)	计算在字符串中的有效 Python 表达式，并返回一个对象
chr(x)	将整数 x 转换为一个字符
ord(x)	将一个字符 x 转换为它对应的整数值
hex()	将一个整数 x 转换为一个十六进制字符串
oct()	将一个整数 x 转换为一个八进制的字符串

实例 01：模拟超市抹零结账行为

假设某超市因为找零麻烦，特设抹零行为。现编写一段 Python 代码，实现模拟超市的这种带抹零的结账行为。在 Pycharm 中创建一个名称为 erase_zero.py 的文件，然后在该文件中，首先将各个商品金额累加，计算出商品总金额，并转换为字符串输出，然后再应用 int()函数将浮点型的变量转换为整型，从而实现抹零，并转换为字符串输出。关键代码如下：

```
money_all=56.75+72.91+88.50+26.37+68.51#累加总计金额
money_all_str=str(money_all)#转换为字符串
print("商品总金额为："+money_all_str)
money_real=int(money_all)#进行抹零处理
money_real_str=str(money_real)#转换为字符串
print("实收金额为："+money_real_str)
```

扫码观看实例讲解

运行结果如下所示：

```
商品总金额为：313.04
实收金额为：313

Process finished with exit code 0
```

2.5 运 算 符

运算符是一些特殊的符号，主要用于数学计算、比较大小和逻辑运算等。Python 的运算符主要包括算术运算符、赋值运算符、比较(关系)运算符、逻辑运算符和位运算符。使用运算符将不同类型的数据按照一定的规则连接起来的式子，称为表达式。例如，使用算术运算符连接起来的式子称为算术表达式，使用逻辑运算符连接起来的式子称为逻辑表达式。下面介绍一些常用的运算符。

2.5.1 算术运算符

算术运算符是处理四则运算的符号，在数字的处理中应用得最多。常用的算术运算符如表 2.4 所示。

表 2.4 常用的算术运算符

运 算 符	说 明	实 例	结 果
+	加	3.2+5.4	8.6
-	减	4.2-1.1	3.1
*	乘	2.5*3	7.5
/	除	7/2	3.5
%	求余	7%2	1
//	取整数	7//2	3
**	取幂	2**4	16

说明：在算术运算符中使用%求余，如果除数(第二个操作数)是负数，那么取得的结果也是一个负值。

实例 02：计算学生成绩的分差及平均分

某学员 3 门课程成绩如下：

扫码观看实例讲解

课 程	分 数
Python	95
English	92
C 语言	89

编程实现：

- 求 Python 课程和 English 课程的分数之差。
- 求 3 门课程的平均分。

在 Pycharm 中创建一个名称为 score_handle.py 的文件，然后在该文件中，首先定义 3 个变量，用于存储各门课程的分数，然后应用减法运算符计算分数差，再应用加法运算符和除法运算符计算平均成绩，最后输出计算结果。代码如下：

```
python=95#定义变量,存储 Python 课程的分数
english=92#定义变量,存储 English 课程的分数
c=89#定义变量,存储 C 语言课程的分数
sub=python-c#计算 Python 课程和 C 语言课程的分数差
avg=(python+english+c)/3#计算平均成绩
print("Python 课程和 C 语言课程的分数之差："+str(sub)+"分\n")
print("3 门课的平均分："+str(avg)+"分")
```

运行结果如下所示：

```
Python课程和C语言课程的分数之差：6分

3门课的平均分：92.0分

Process finished with exit code 0
```

说明： 在 Python 2.x 中，除法运算符(/)的执行结果与 Python 3.x 不一样。在 Python 2.x 中，如果操作数为整数，则结果也将截取为整数。而在 Python 3.x 中，计算结果为浮点数。例如，7/2，在 Python 2.x 中结果为 3，而在 Python 3.x 中结果为 3.5。

2.5.2　赋值运算符

赋值运算符主要用来为变量等赋值。使用时，可以直接把基本赋值运算符“=”右边的值赋给左边的变量，也可以进行某些运算后再赋值给左边的变量。在 Python 中常用的赋值运算符如表 2.5 所示。

表 2.5　常用的赋值运算符

运 算 符	说　明	举　例	展开形式
=	简单的赋值运算	a=b	a=b
+=	加赋值	a+=b	a=a+b
-=	减赋值	a-=b	a=a-b
*=	乘赋值	a*=b	a=a*b
/=	除赋值	a/=b	a=a/b
%=	取余赋值	a%=b	a=a%b
**=	幂赋值	a**=b	a=a**b
//==	取整除赋值	a//==b	a=a//b

注意： 混淆=和==是编程中最常见的错误之一。很多语言(不只是 Python)都使用了这两个符号，另外很多程序员也经常会用错这两个符号。

2.5.3　比较运算符

比较运算符，也称关系运算符，用于对变量或表达式的结果进行大小、真假等比较，

如果比较结果为真，则返回 True，如果为假，则返回 False。比较运算符通常用在条件语句中作为判断的依据。Python 中的比较运算符如表 2.6 所示。

表 2.6　Python 中的比较运算符

运 算 符	说　明	实　例	结　果
>	大于	"a">"b"	False
<	小于	123<234	True
==	等于	"aa"=="aa"	True
!=	不等于	"y"!="t"	True
>=	大于或等于	345>=123	True
<=	小于或等于	12.34<=1.234	False

说明：在 Python 中，当需要判断一个变量是否介于两个值之间时，可以采用“值 1<变量<值 2”的形式，例如 0<a<100。

实例 03：使用比较运算符比较大小关系

在 Pycharm 中创建一个名称为 comparison_operator.py 的文件，然后在该文件中，定义 3 个变量，并分别使用 Python 中的各种比较运算符对它们的大小关系进行比较，代码如下：

扫码观看实例讲解

```
python=95#定义变量,存储 Python 课程的分数
english=92#定义变量,存储 English 课程的分数
c=89#定义变量,存储 C 语言课程的分数
#输出 3 个变量的值
print("python="+str(python)+"english="+str(english)+"c="+str(c)+"\n")
print("python<english 的结果: "+str(python<english))#小于操作
print("python>english 的结果: "+str(python>english))#大于操作
print("python==english 的结果: "+str(python==english))#等于操作
print("python!=english 的结果: "+str(python!=english))#不等于操作
print("python<=english 的结果: "+str(python<=english))#小于或等于操作
print("english>=c 的结果: "+str(python>=c))#大于或等于操作
```

运行结果如下所示：

```
python = 95 english = 92 c = 89

python < english的结果: False
python > english的结果: True
python == english的结果: False
python != english的结果: True
python <= english的结果: False
english >= c的结果: True

Process finished with exit code 0
```

2.5.4　逻辑运算符

某手机店在每周二的上午 10 点至 11 点和每周五的下午 14 点至 15 点，对华为 P40 系

列手机进行折扣让利活动，那么想参加折扣活动的顾客，就要在时间上满足两个条件：周二 10:00a.m.～11:00a.m.，周五 2:00p.m.～3:00p.m.。这里用到了逻辑关系，Python 中提供了这样的逻辑运算符来进行逻辑运算。

逻辑运算符是对真和假两种布尔值进行运算，运算后的结果仍是一个布尔值，Python 中的逻辑运算符主要包括 and(逻辑与)、or(逻辑或)、not(逻辑非)。表 2.7 列出了逻辑运算符的用法和说明。

表 2.7　逻辑运算符

运 算 符	含　义	用　法	结合方向
and	逻辑与	op1 and op2	从左到右
or	逻辑或	op1 or op2	从左到右
not	逻辑非	not op	从右到左

使用逻辑运算符进行逻辑运算时，其运算结果如表 2.8 所示。

表 2.8　使用逻辑运算符进行逻辑运算的结果

表达式 1	表达式 2	表达式 1 and 表达式 2	表达式 1 or 表达式 2	not 表达式 1
True	True	True	True	False
True	False	Flase	True	False
False	Flase	False	False	True
False	True	False	True	True

实例 04：参加手机店的打折活动

在 Pycharm 中创建一个名称为 sale.py 的文件，然后在该文件中，使用代码实现本小节开始描述的场景，代码如下：

扫码观看实例讲解

```
print("In 手机店正在打折,活动进行中..")#输出提示信息
strweek=input("请输入中文星期(如星期一): ")#输入星期,例如,星期一
intTime=int(input("请输入时间中的小时(范围: 0~23): "))#输入时间
#判断是否满足活动参与条件(使用了 if 条件语句)
if(strWeek=="A="and(intTime>=10 and intTime<=11))or(strWeek
"星期五"and(intTime>=14 and intTime<=15)):
print("恭喜您,获得了折扣活动参与资格,快快选购吧!")#输出提示信息
else:
print("对不起,您来晚一步,期待下次活动")#输出提示信息
```

代码注解：

(1)　第 2 行代码中，input()函数用于接收用户输入的字符序列。

(2)　第 3 行代码中，由于 input()函数返回的结果为字符串类型，所以需要进行类型转换。

(3)　第 5 行和第 8 行代码使用了 if...else 条件判断语句，该语句主要用来判断程序是否满足某种条件。该语句将在第 3 章进行详细讲解，这里只需要了解即可。

(4)　第 5 行代码中对条件进行判断时，使用了逻辑运算符 and、or 和比较运算符

==、>=、<=。

说明：本实例未对输入错误信息进行校验，所以为保证程序的正确性，请输入合法的星期和时间。另外，有兴趣的读者可以自行添加校验功能。

2.5.5 位运算符

位运算符是把数字看作二进制数来进行计算的，因此，需要先将要执行运算的数据转换为二进制，然后才能进行执行运算。Python 中的位运算符有位与(&)、位或(|)、位异或(^)、取反(~)、左移位(<<)和右移位(>>)运算符。

说明：整型数据在内存中以二进制的形式表示，如 7 的 32 位二进制形式如下：

00000000000000000000000000000111

其中，左边最高位是符号位，最高位是 0 表示正数，若为 1 则表示负数。负数采用补码表示，如-7 的 32 位二进制形式如下：

11111111111111111111111111111001

1. “位与”运算

“位与”运算的运算符为&，“位与”运算的运算法则是：两个操作数据的二进制表示，只有对应数位都是 1 时，结果数位才是 1，否则为 0。如果两个操作数的精度不同，则结果的精度与精度高的操作数相同。

2. “位或”运算

“位或”运算的运算符为 |，“位或”运算的运算法则是：两个操作数据的二进制表示，只有对应数位都是 0，结果数位才是 0，否则为 1。如果两个操作数的精度不同，则结果的精度与精度高的操作数相同。

3. “位异或”运算

“位异或”运算的运算符是 ^，“位异或”运算的运算法则是：当两个操作数的二进制表示相同(同时为 0 或同时为 1)时，结果为 0，否则为 1。若两个操作数的精度不同，则结果数的精度与精度高的操作数相同。

4. “位取反”运算

“位取反”运算也称“位非”运算，运算符为 ~。“位取反”运算就是将操作数中对应的二进制数 1 修改为 0，0 修改为 1。

5. 左移位运算符<<

左移位运算符<<是将一个二进制操作数向左移动指定的位数，左边(高位端)溢出的位被丢弃，右边(低位端)的空位用 0 补充。左移位运算相当于乘以 2 的 n 次幂。

2.5.6 运算符的优先级

所谓运算符的优先级，是指在应用中哪一个运算符先计算，哪一个后计算，与数学的

四则运算应遵循的“先乘除，后加减”是一个道理。

Python 的运算符的运算规则是：优先级高的运算先执行，优先级低的运算后执行，同一优先级的操作按照从左到右的顺序进行。也可以像四则运算那样使用小括号，括号内的运算最先执行。表 2.9 按从高到低的顺序列出了运算符的优先级。同一行中的运算符具有相同优先级，此时它们的结合方向决定求值顺序。

表 2.9　运算符的优先级

运 算 符	说　明
**	幂
～、+、-	取反、正号、负号
*、/、%、//	算术运算符
+、-	算术运算符
<<、>>	位运算中的左移和右移
&	位运算中的位与
^	位运算中的位异或
|	位运算中的位或
<、<=、>、>=、!=、==	比较运算符

说明： 在编写程序时尽量使用括号()来限定运算次序，避免运算次序发生错误。

2.6　基本输入与输出

从第一个 Python 程序开始，我们一直使用 print()函数向屏幕上输出一些字符，这就是 Python 的基本输出函数。除了 print()函数，Python 还提供了一个用于进行标准输入的 input()函数，用于接收用户从键盘上输入的内容。

2.6.1　使用 input()函数输入

在 Python 中，使用内置函数 input()可以接收用户的键盘输入。input()函数的基本用法如下：

```
variable=input("提示文字")
```

其中，variable 为保存输入结果的变量，双引号内的文字用于提示要输入的内容。例如，想要接收用户输入的内容，并保存到变量 tip 中，可以使用下面的代码：

```
tip=input("请输入文字：")
```

在 Python 3.x 中，无论输入的是数字还是字符，都将被作为字符串读取。如果想要接收数值，需要把接收到的字符串进行类型转换。例如，想要接收整型的数字并保存到变量 age 中，可以使用下面的代码：

```
age=int(input("请输入数字："))
```

说明： 在 Python 2.x 中，input()函数接收内容时，数值直接输入即可，并且接收后的内容作为数字类型；而如果要输入字符串类型的内容，需要将对应的字符串使用引号括起来，否则会报错。

实例 05：根据身高、体重计算 BMI 指数(改进版)

```
height=float(input("请输入您的身高(单位为米): "))#输入身高,单位: 米
weight=float(input("请输入您的体重(单位为千克): "))#输入体重,单位: 千克
bmi=weight/(height*height)#用于计算 BMI 指数,公式: BMI=体重/身高的平方
print("您的 BMI 指数为: "+str(bmi))#输出 BMI 指数
#判断身材是否合理
if bmi<18.5:
print("您的体重过轻~@_@~")
if bmi>=18.5 and bmi<24.9:
print("正常范围,注意保持(-_-)")
if bmi>=24.9 and bmi<29.9:
print("您的体重过重~@_@~")
if bmi>=29.9:
print("肥胖^@_@^")
```

扫码观看实例讲解

运行结果如下所示：

```
请输入您的身高(单位为米): 1.68
请输入您的体重(单位为千克):53
您的BMI指数为:18.77834467120182
正常范围,注意保持(-_-)

Process finished with exit code 0
```

2.6.2 使用 print()函数输出

默认的情况下，在 Python 中，使用内置的 print()函数可以将结果输出到 IDLE 或者标准控制台上。其基本语法格式如下：

```
print(输出内容)
```

其中，输出内容可以是数字和字符串(字符串需要使用引号括起来)，此类内容将直接输出，也可以是包含运算符的表达式，此类内容将计算结果输出。例如：

```
a=10#变量 a,值为 10
b=6#变量 b,值为 6
print(6)#输出数字 6
print(a*b)#输出变量 a*b 的结果 60
print(a if a>b else b)#输出条件表达式的结果 10
print("成功的唯一秘诀: 坚持到最后")#输出字符串"成功的唯一秘诀: 坚持到最后"
```

多学两招：在 Python 中，默认情况下，一条 print()语句输出后会自动换行，如果想要一次输出多个内容，而且不换行，可以将要输出的内容使用英文半角的逗号分隔。例如下面的代码将在一行输出变量 a 和 b 的值：

```
print(a,b)#输出变量 a 和 b,结果为: 106
```

在输出时，也可以把结果输出到指定文件，例如，将一个字符串“命运给予我们的不是失望之酒，而是机会之杯。”输出到 D:\mot.txt 中，代码如下：

```
fp=open(r'D:\mot.txt','a+')#打开文件
print("命运给予我们的不是失望之酒,而是机会之杯.",file=fp)#输出到文件中
fp.close()#关闭文件
```

说明：在上面的代码中应用了打开文件、关闭文件等文件操作的内容，关于这部分内容的详细介绍，请参见本书第 10 章，这里简单了解即可。

执行上面的代码后，将在 D 盘根目录下生成一个名称为 mot.txt 的文件，该文件的内容为文字“命运给予我们的不是失望之酒，而是机会之杯。”。

2.7 本 章 小 结

本章首先对 Python 的语法特点进行了介绍，主要包括注释、代码缩进和编码规范，然后介绍了 Python 中的保留字、标识符及定义变量的方法，接下来介绍了 Python 中的基本数据类型、运算符和表达式，最后介绍了基本输入和输出函数的使用。本章的内容是学习 Python 的基础，需要重点掌握，为后续学习打下良好的基础。

第 3 章 流程控制语句

流程控制对于任何一门语言来说都是十分重要的，流程控制提供了控制程序如何执行的方法。如果没有流程控制，整个程序都将按照线性顺序来执行，而无法根据用户的要求决定程序执行的顺序。本章对 Python 中的流程控制语句进行详细讲解。知识框架如图 3.1 所示。

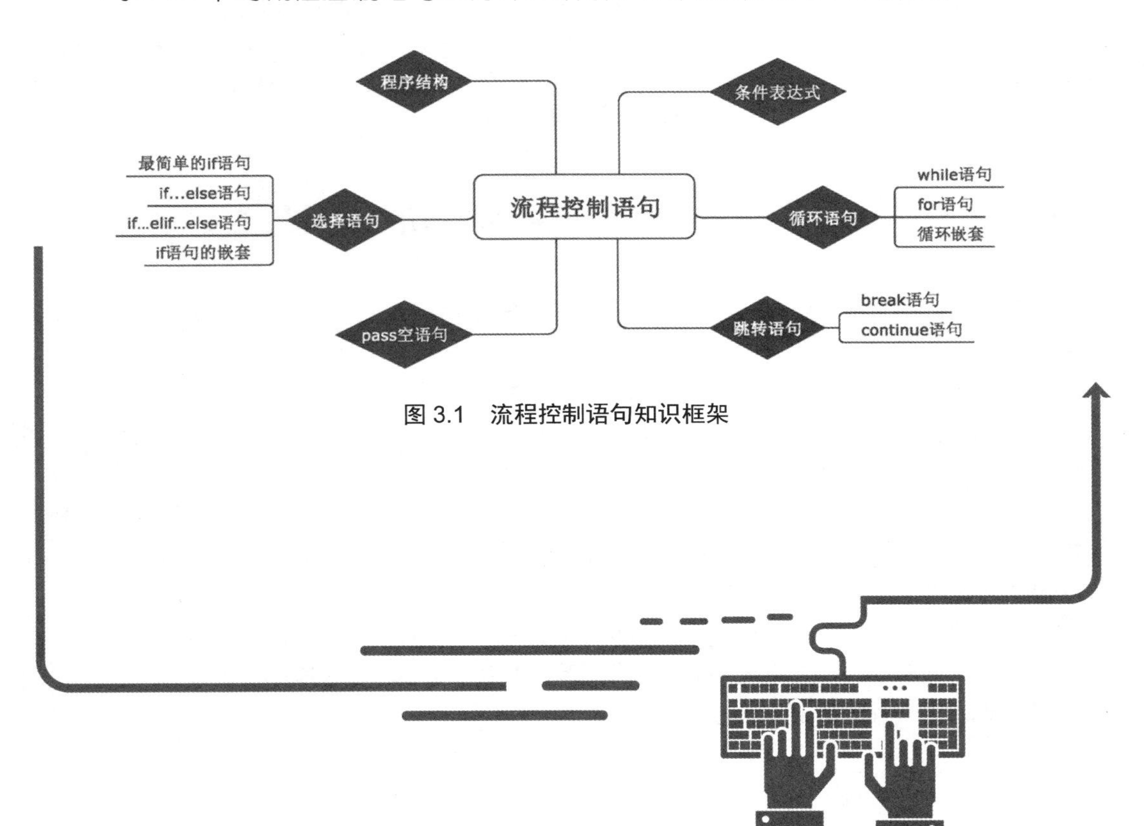

图 3.1　流程控制语句知识框架

3.1 程 序 结 构

计算机在选择具体问题时，主要有 3 种情况，分别是顺序执行所有语句、选择执行部分语句和循环执行部分语句。程序设计中的 3 种基本结构为顺序结构、选择结构和循环结构。这三种基本结构的执行流程如图 3.2 所示。

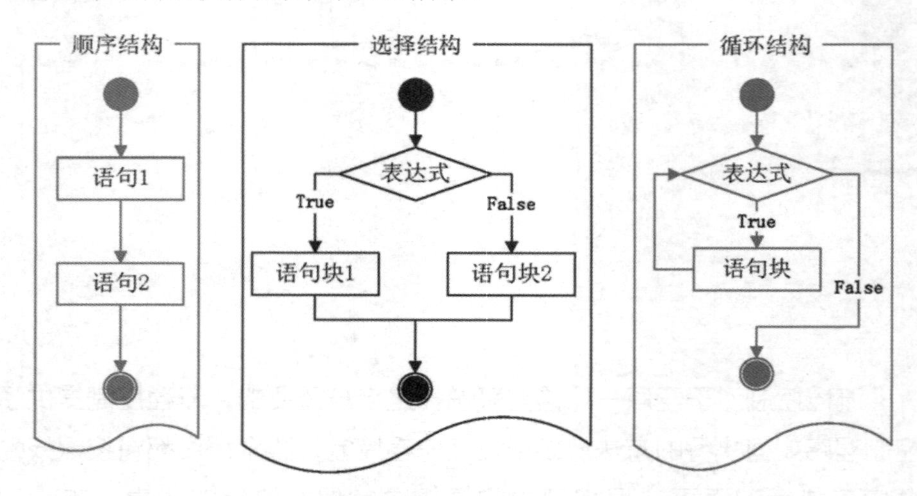

图 3.2　三种基本结构的执行流程

其中，第一幅图是顺序结构的流程图，编写完毕的语句按照编写顺序依次被执行；第二幅图是选择结构的流程图，它主要根据条件语句的结果选择执行不同的语句；第三幅图是循环结构的流程图，它是在一定条件下反复执行某段程序的流程结构，其中，被反复执行的语句称为循环体，决定循环是否终止的判断条件称为循环条件。

3.2 选 择 语 句

在生活中，我们总是要做出很多的选择，程序设计中也是一样的。下面给出几个常见的例子。

- 如果购买成功，则用户余额减少，用户积分增加。
- 如果用户使用微信登录，则使用微信扫一扫；如果使用 QQ 登录，则输入 QQ 号和密码；如果使用微博登录，则输入微博账号和密码。

以上例子中的判断，就是程序中的选择语句，也称为条件语句，即按照条件选择执行不同的代码片段。Python 中选择语句主要有 3 种形式，分别为 if 语句、if...else 语句和 if...elif...else 多分支语句。

在其他语言中(如 C、C++、Java 等)，选择语句还包括 switch 语句，也可以实现多重选择。但是在 Python 中没有 switch 语句，所以实现多重选择的功能时，只能使用 if...elif...else 语句或者 if 语句的嵌套。

3.2.1 最简单的 if 语句

if 是 Python 中的关键字，同时也被用来组成选择语句，语法格式如下：

```
if 表达式:
语句块
```

其中，表达式可以是一个单纯的布尔值或变量，也可以是比较表达式或逻辑表达式(例如：a>b and a!=c)，如果表达式为真，则执行“语句块”；如果表达式的值为假，就跳过“语句块”，继续执行后面的语句，这种形式的 if 语句相当于汉语里的关联词语“如果……就……”。

在 Python 中，用作布尔表达式(如用作 if 语句中的条件)时，下面的值都将被解释器视为假：

```
False None 0 "" () [] {}
```

换言之，标准值 False 和 None、各种类型(包括浮点数、复数等)的数值 0、空序列(如空字符串、空元组和空列表)以及空映射(如空字典)都被视为假，而其他各种值都被视为真，包括特殊值 True。

3.2.2 if…else 语句

如果遇到只能二选一的情况，例如，某计算机专业学生进入公司进行岗位选择 Python 开发的方向：人工智能或者 Web 开发。

Python 中提供了 if…else 语句解决类似问题，其语法格式如下：

```
if 表达式:
    语句块 1
else:
    语句块 2
```

使用 if…else 语句时，表达式可以是一个单纯的布尔值或变量，也可以是比较表达式或逻辑表达式，如果满足条件，则执行 if 后面的语句块，否则，执行 else 后面的语句块，这种形式的选择语句相当于汉语里的关联词语“如果……否则……”。

if…else 语句可以使用条件表达式进行简化，如下面的代码：

```
a=-9
if a>0:
    b=a
else:
    b=-a
print(b)
```

可以简写成：

```
a=-9
```

```
b=a if a>0 else -a
print(b)
```

上段代码主要实现求绝对值的功能，如果 a>0，就把 a 的值赋值给变量 b，否则将-a 赋值给变量 b。使用条件表达式的好处是可以使代码简洁，并且有一个返回值。

在使用 else 语句时，else 一定不可以单独使用，它必须和保留字 if 一起使用，例如，下面的代码是错误的：

```
else:
    print(number,'不符合条件')
```

程序中使用 if...else 语句时，如果出现 if 语句多于 else 语句的情况，那么该 else 语句将会根据缩进确定该 else 语句属于哪个 if 语句：

```
a=-1
a>=0:
if a>0:
    print('a 大于 0')
else:
    print('a 等于 0')
```

上面的语句将不输出任何提示信息，这是因为 else 语句属于第 3 行的 if 语句，所以当 a 小于 0 时，else 语句将不执行。而如果将上面的代码修改为以下内容：

```
a=-1
if a>=0:
    if a>0:
        print('a 大于 0')
else:
    print('a 小于 0')
```

将输出提示信息“a 小于 0”。此时，else 语句和第 2 行的 if 语句配套使用。

3.2.3 if...elif...else 语句

大家平时在网上购物时，通常都有多种付款方式供大家选择。

(1) 在线支付。

(2) 支付宝直接转账。

(3) 公司账号付款方式。

……

这时用户就需要从多个选项中选择一个。在开发程序时，如果遇到多选一的情况，则可以使用 if...elif...else 语句，该语句是一个多分支选择语句，通常表现为“如果满足某种条件，就会进行某种处理，否则，如果满足另一种条件，则执行另一种处理……”。if...elif...else 语句的语法格式如下：

```
if 表达式 1:
   语句块 1
elif 表达式 2:
```

```
    语句块 2
elif 表达式 3:
    语句块 3
...
else:
    语句块 n
```

使用 if...elif...else 语句时，表达式可以是一个单纯的布尔值或变量，也可以是比较表达式或逻辑表达式，如果表达式为真，执行语句；而如果表达式为假，则跳过该语句，进行下一个 elif 的判断，只有在所有表达式都为假的情况下，才会执行 else 中的语句。if...elif...else 语句的流程如图 3.3 所示。

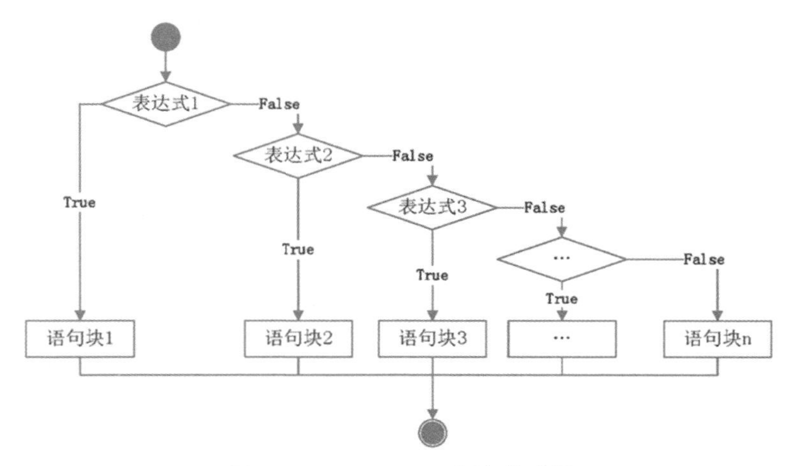

图 3.3　if...elif...else 语句的流程

if 和 elif 都需要判断表达式的真假，而 else 则不需要判断；另外，elif 和 else 都必须与 if 一起使用，不能单独使用。

实例 01：输出玫瑰花语

使用 if...elif...else 多分支语句实现根据用户输入的玫瑰花语的朵数输出其代表的含义，代码如下：

扫码观看实例讲解

```
number=int(input("输入玫瑰花数目："))
if number==1:
    print("1 朵：你是我的唯一")
elif number==3:
    print("3 朵：ILoveYou")
elif number==10:
    print("10 朵：十全十美")
elif number==99:
    print("99 朵：天长地久")
elif number==108:
    print("108 朵：求婚")
else:
    print("未知含义")
```

第一行中的 int()函数用于将用户的输入强制转换成整型。

使用 if 选择语句时，尽量遵循以下原则。

(1) 当使用布尔类型的变量作为判断条件时，假设布尔变量为 flag，较为规范的格式如下：

```
if flag: #表示为真
if not flag: #表示为假
```

不符合规范的格式如下：

```
if flag==True: #表示为真
if flag==False: #表示为假
```

(2) 使用“if 1==a:”这样的书写格式可以防止错写成“if a=1:”这种形式，从而避免逻辑上的错误。

3.2.4 if 语句的嵌套

前面介绍了三种形式的 if 选择语句，这三种形式的选择语句之间都可以互相嵌套。在最简单的 if 语句中嵌套 if...else 语句，形式如下：

```
if 表达式 1:
if 表达式 2:
   语句块 1
else:
   语句块 2
```

在 if...else 语句中嵌套 if...else 语句，形式如下：

```
if 表达式 1:
   if 表达式 2:
      语句块 1
   else:
      语句块 2
 else:
 if 表达式 3:
     语句块 3
else:
   语句块 4
```

if 选择语句可以有很多种嵌套方式，开发程序时，可以根据自身需要选择合适的嵌套方式，但一定要严格控制好不同级别代码块的缩进数目。

实例 02：判断是否酒后驾车

国家质量监督检验检疫局发布的《车辆驾驶人员血液、呼气酒精含量阈值与检验》中规定：车辆驾驶人员血液中的酒精含量小于 20mg/100ml 不构成饮酒驾驶行为；酒精含量大于或等于 20mg/100ml、小于 80mg/100ml 为饮酒驾车；酒精含量大于或等于 80mg/100ml 为醉酒驾车。现编写一段 Python 代码判断是否酒后驾车。

通过使用嵌套的 if 语句实现根据输入的酒精含量值判断是否为酒后驾车的功能，代码如下：

```
print("\n 为了您和其他人的安全,严禁酒后开车! \n")
proof=int(input("请输入每 100 毫升血液的酒精含量: "))
if proof<20:
    print("\n 不构成饮酒行为,可以开车")
else:
    if 80>proof>=20:
        print("\n 已经达到酒驾标准,请不要开车")
else:
    print("\n 已经达到醉驾标准,千万不要开车")
```

扫码观看实例讲解

3.3　条件表达式

在程序开发时，经常会根据表达式的结果，有条件地进行赋值。例如，要返回两个数中较大的数，可以使用下面的 if 语句：

```
a=9
b=7
if a>b:
    r=a
else:
    r=b
```

针对上面的代码，可以使用条件表达式进行化简，代码如下：

```
a=9
b=7
r=a if a>b else b
```

使用条件表达式时，先计算中间的条件(a>b)，如果结果为 True，返回 if 语句左边的值，否则返回 else 右边的值。例如上面表达式中 r 的值为 9。

Python 中提供的条件表达式，可以根据表达式的结果进行有条件的赋值。

3.4　循 环 语 句

日常生活中很多问题都无法一次解决，如盖楼，所有高楼都是一层一层垒起来的。还有一些事情必须周而复始地运转才能保证其存在的意义，如公交车、地铁等交通工具必须每天往返于始发站和终点站之间。类似这样反复做同一件事的情况，称为循环。循环主要有两种类型。

(1) 重复一定次数的循环，称为计次循环，如 for 循环。

(2) 一直重复，直到条件不满足时才结束的循环，称为条件循环。只要条件为真，这种循环会一直持续下去，如 while 循环。

在其他语言中(例如，C、C++、Java 等)，条件循环还包括 do-while 循环。但是，在 Python 中没有 do-while 循环。

3.4.1 while 循环

while 循环是通过一个条件来控制是否要继续反复执行循环体中的语句。

语法如下：

```
while 条件表达式:
    循环体
```

循环体是指一组被重复执行的语句。

当条件表达式的返回值为真时，则执行循环体中的语句，执行完毕后，重新判断条件表达式的返回值，直到表达式返回的结果为假时，退出循环。

我们用现实生活中的例子来理解 while 循环的执行流程。在体育课上，体育老师要求同学们沿着环形操场跑圈，要求当听到老师吹的哨子声时就停下来。同学们每跑一圈，可能会请求一次老师吹哨子。如果老师吹哨子，则停下来，即循环结束，否则继续跑步，即执行循环。

在使用 while 循环语句时，一定不要忘记添加将循环语句变为 False 的代码，否则，将产生死循环。如下是一段死循环的代码示例：

```
i=0
while True:
i=i+1
print(i)
```

上述代码会一直在循环中打印 i 的值，没有将循环语句变为 False 的代码，因而不会退出循环，成为死循环。

3.4.2 for 循环

for 循环是一个依次重复执行的循环。通常适用于枚举或遍历序列，以及迭代对象中的元素。

语法如下：

```
for 迭代对象 in 对象:
    循环体
```

其中，迭代变量用于保存读取出的值；对象为要遍历或迭代的对象，该对象可以是任何有序的序列对象，如字符串、列表和元组等；循环体为一组被重复执行的语句。

我们用现实生活中的例子来理解 for 循环的执行流程。在体育课上，体育老师要求同学们排队进行踢毽子比赛，每个同学一次机会，毽子落地则换一个同学，直到全部同学测试完毕，即循环结束。

1. 数值循环

在使用 for 循环时，最基本的应用就是进行数值循环。例如，想要实现从 1 到 100 的累加，可以通过下面的代码实现：

```
print('计算 1+2+3+...+100 的结果为：')
result=0
for i in range(101):
result+=1
print(result)
```

在上面的代码中，使用了 range()函数，该函数是 Python 内置的函数，用于生成一系列连续的整数，主要用于 for 循环语句中。其语法格式如下：

```
range(start,end,step)
```

参数说明：

- start：用于指定计数的起始值，可以省略，如果省略则从 0 开始。
- end：用于指定计数的结束值(但不包括该值，如 range(7)，则得到的值为 0～6，不包括 7)，不能省略。当 range()函数中只有一个参数时，即表示指定计数的结束值。
- step：用于指定步长，即两个数之间的间隔，可以省略，如果省略则表示步长为 1。例如，range(1,5)将得到 1、2、3、4。

注意： 在使用 range()函数时，如果只有一个参数，那么表示指定的是 end；如果有两个参数，则表示指定的是 start 和 end；如果 3 个参数都存在时，最后一个参数才表示步长。

例如，使用下面的 for 循环语句，将输出 10 以内的所有奇数：

```
for I in range(1,10,2):
print(I,end='')
```

说明： 在 Python 2.x 中，如果想让 print 语句输出的内容在一行上显示，可以在后面加上逗号(例如 print i,)。但是在 Python 3.x 中，使用 print()函数时，不能直接加逗号，需要加上“end=分隔符”，并且该分隔符为一个空格，如果在连接输出时不需要用分隔符隔开，也可以不加分隔符。

在 Python 2.x 中，除提供 range()函数外，还提供了一个 xrange()函数，用于解决 range()函数会不经意间耗掉所有可用内存的问题，而在 Python 3.x 中已经更名为 range()函数，并且删除了老式 xrange()函数。

常见错误：

关于 for 语句的一个常见错误，就是 for 语句后面未加冒号，例如下面的代码：

```
for number in range(1,100)
    print(number)
```

运行后，会产生“invalid syntax”的错误，解决办法就是在第一行代码的结尾处添加冒号：

```
for number in range(1,100):
    print(number)
```

2. 遍历字符串

使用 for 循环语句除了可以循环数值，还可以逐个遍历字符串，例如，下面的代码可以将横向显示的字符串转换为纵向显示：

```
string='我相信我可以'
print(string)#横向显示
for ch in string:
    print(ch)#纵向显示
```

上述代码的运行结果如图 3.4 所示。

```
我相信我可以
我
相
信
我
可
以

Process finished with exit code 0
```

图 3.4　遍历字符串结果

for 循环语句还可以用于迭代(遍历)列表、元组、集合和字典等，具体的方法将在第 4 章进行介绍。

3.4.3　循环嵌套

在 Python 中，允许在一个循环体中嵌入另一个循环，这称为循环嵌套。例如，在电影院找座位号，需要知道第几排第几列才能准确找到自己的座位号，假如寻找第二排第三列座位号，首先寻找第二排，然后在第二排再寻找第三列，这个寻找座位的过程就类似循环嵌套。

在 Python 中，for 循环和 while 循环都可以进行循环嵌套。

例如，在 while 循环中套用 while 循环的格式如下：

```
while 条件表达式 1:
    while 条件表达式 2:
        循环体 2
    循环体 1
```

在 for 循环中套用 for 循环的格式如下：

```
for 迭代对象 1 in 对象 1:
    for 迭代对象 2 in 对象 2:
        循环体 2
    循环体 1
```

在 while 循环中套用 for 循环的格式如下：

```
while 条件表达式:
    for 迭代对象 in 对象:
        循环体 2
    循环体 1
```

在 for 循环中套用 while 循环的格式如下：

```
for 迭代对象 in 对象:
    while 条件表达式:
        循环体 2
    循环体 1
```

除了上面介绍的 4 种嵌套格式外，还可以实现更多层的嵌套，因为与上面的嵌套方法类似，这里就不再一一列出了。

实例 03：打印九九乘法表

使用嵌套的 for 循环打印九九乘法表，代码如下：

扫码观看实例讲解

```
for I in range(1,10):
for j in range(1,i+1):
print(str(j)+"*"+str(i)+"="+str(i*j)+"\t",end="")
print("")
```

程序运行结果如图 3.5 所示。

```
1*1=1
1*2=2	2*2=4
1*3=3	2*3=6	3*3=9
1*4=4	2*4=8	3*4=12	4*4=16
1*5=5	2*5=10	3*5=15	4*5=20	5*5=25
1*6=6	2*6=12	3*6=18	4*6=24	5*6=30	6*6=36
1*7=7	2*7=14	3*7=21	4*7=28	5*7=35	6*7=42	7*7=49
1*8=8	2*8=16	3*8=24	4*8=32	5*8=40	6*8=48	7*8=56	8*8=64
1*9=9	2*9=18	3*9=27	4*9=36	5*9=45	6*9=54	7*9=63	8*9=72	9*9=81

Process finished with exit code 0
```

图 3.5　乘法表结果

3.5　跳 转 语 句

当循环条件一直满足时，程序将会一直执行下去，就像一辆迷路的车，在某个地方不停地转圈。如果希望在中间离开循环，也就是 for 循环结束重复之前，或者 while 循环找到结束条件之前。有两种方法来做到。

(1)　使用 continue 语句直接跳到循环的下一次迭代。

(2)　使用 break 完全中止循环。

3.5.1　break 语句

break 语句可以终止当前的循环，包括 while 和 for 在内的所有控制语句。break 语句的语法比较简单，只需要在相应的 while 或 for 语句中加入即可。break 语句一般会结合 if 语句进行搭配使用，表示在某种条件下，跳出循环。如果使用嵌套循环，break 语句将跳出最内层的循环。

在 while 语句中使用 break 语句的形式如下：

```
while 条件表达式 1:
    执行代码
    if 条件表达式 2:
        break
```

其中，条件表达式 2 用于判断何时调用 break 语句跳出循环。

在 for 语句中使用 break 语句的形式如下：

```
for 迭代对象 in 对象:
    if 条件表达式:
        break
```

其中，条件表达式用于判断何时调用 break 语句跳出循环。

3.5.2 continue 语句

continue 语句的作用没有 break 语句强大，它只能终止本次循环而提前进入到下一次循环中。continue 语句的语法比较简单，只需要在相应的 while 或 for 语句中加入即可。

说明：continue 语句一般会与 if 语句搭配使用，表示在某种条件下，跳过当前循环的剩余语句，然后继续进行下一轮循环。如果使用嵌套循环，continue 语句将只跳过最内层循环中的剩余语句。

在 while 语句中使用 continue 语句的形式如下：

```
while 条件表达式 1:
    执行代码
    if 条件表达式 2:
        continue
```

其中，条件表达式 2 用于判断何时调用 continue 语句跳出循环。

在 for 语句中使用 continue 语句的形式如下：

```
for 迭代对象 in 对象:
    if 条件表达式:
        continue
```

其中，条件表达式用于判断何时调用 continue 语句跳出循环。

实例 04：逢七拍腿游戏

几个好朋友在一起玩逢七拍腿游戏，即从 1 开始依次数数，当数到尾数是 7 的数或 7 的倍数时，则不报出该数，而是拍一下腿。现在编写程序，从 1 数到 99，假设每个人都没有出错，计算一共要拍多少次腿。

通过在 for 循环中使用 continue 语句实现计算拍腿次数，即计算从 1 到 100(不包括 100)，一共有多少个尾数为 7 或者 7 的倍数这样的数，代码如下：

扫码观看实例讲解

```
total=99 #记录拍腿次数
for number in range(1,10): #创建循环
if number%7 == 0: #7 的倍数
    continue
else:
```

高等院校计算机教育系列教材

```
    string=str(number)
    if string.endwith("7"): #以数字 7 结尾
        continue
```

第 3 行的代码实现的是：当所判断的数字是 7 的倍数时，会执行第 4 行的 continue 语句，跳过后面的减 1 操作，直接进入下一次循环；同理，第 7 行代码用于判断是否以数字 7 结尾，如果是，直接进入下一次循环。

3.6　pass 空语句

在 Python 中还有一个 pass 语句，表示空语句。该语句不做任何事情，一般起到占位作用。例如，在应用 for 循环输出 1～10 之间(不包括 10)的偶数时，在不是偶数时，应用 pass 语句占个位置，方便以后对不是偶数的数进行处理。代码如下：

```
for I in range(1,10):
if i%2==0: #判断是否为偶数
    print(i,end='')
else: #不是偶数
    pass#占位符,不做任何事
```

程序运行结果如下：

```
2 4 6 8
Process finished with exit code 0
```

3.7　本 章 小 结

本章详细介绍了选择语句、循环语句、break 语句、continue 跳转语句及 pass 空语句的概念及用法。在程序中，语句是程序完成一次操作的基本单位，而流程控制语句是用于控制语句的执行顺序的，在讲解流程控制语句时，通过实例演示每种语句的用法。在学习本章内容时，读者要重点掌握 if 语句、while 语句和 for 语句的用法，这几种语句在程序开发中会经常用到。希望通过对本章的学习，读者能够熟练掌握 Python 中流程控制语句的使用，并能够应用到实际开发中。

第 4 章 高级数据类型

在数学里，序列也称为数列，是指按照一定顺序排列的一列数，而在程序设计中，序列是一种常用的数据存储方式，几乎每一种程序设计语言都提供了类似的数据结构。例如，C 语言或 Java 语言中的数组等。

在 Python 中，序列是最基本的数据结构。它是一块用于存放多个值的连续内存空间。Python 中内置了 5 个常用的序列结构，分别是列表、元组、集合、字典和字符串。本章将详细介绍列表、元组、集合和字典，关于字符串的内容将在第 6 章中详细介绍。

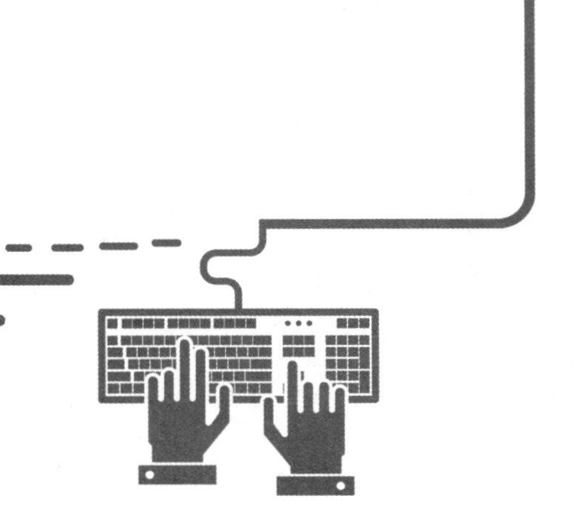

4.1 序　　列

序列是一块用于存放多个值的连续内存空间，并且按一定顺序排列，每一个值(称为元素)都分配一个数字，称为索引或位置。通过该索引可以取出相应的值。例如，我们可以把一家酒店看作一个序列，那么酒店里的每个房间都可以看作是这个序列的元素。而房间号就相当于索引，可以通过房间号找到对应的房间。

在 Python 中，序列结构主要有列表、元组、集合、字典和字符串，对于这些序列结构有以下几个通用的操作。其中，集合和字典不支持索引、切片、相加和相乘操作。

4.1.1　索引

序列中的每一个元素都有一个编号，也称为索引。这个索引是从 0 开始递增的，即下标为 0 表示第一个元素，下标为 1 表示第 2 个元素，以此类推。

Python 比较神奇，它的索引可以是负数。这个索引从右向左计数，也就是从最后的一个元素开始计数，即最后一个元素的索引值是-1，倒数第二个元素的索引值为-2，以此类推。

注意： *在采用负数作为索引值时，是从-1 开始的，而不是从 0 开始的，即最后一个元素的下标为-1，这是为了防止与第一个元素重合。*

通过索引可以访问序列中的任何元素。例如，定义一个包括 4 个元素的列表，要访问它的第 3 个元素和最后一个元素，可以使用下面的代码：

```
verse = ['a', 'b', 'c', 'd']
print(verse[2])  # 输出第 3 个元素
print(verse[-1])  # 输出最后一个元素
```

结果如下：

```
c
d
```

4.1.2　切片

切片操作是访问序列中元素的另一种方法，它可以访问一定范围内的元素。通过切片操作可以生成一个新的序列。实现切片操作的语法格式如下：

```
sname[start: end: step]
```

参数说明：

- sname：表示序列的名称。
- start：表示切片的开始位置(包括该位置)，如果不指定，则默认为 0。
- end：表示切片的截止位置(不包括该位置)，如果不指定，则默认为序列的长度。

- step：表示切片的步长，如果省略，则默认为 1，当省略该步长时，最后一个冒号也可以省略。

说明：在进行切片操作时，如果指定了步长，那么将按照该步长遍历序列的元素，否则将一个一个遍历序列。

例如，通过切片先获取 NBA 历史上十大巨星列表中的第 2 个到第 5 个元素，再获取第 1 个、第 3 个和第 5 个元素，可以使用下面的代码：

```
nba = ["迈克尔,乔丹", "比尔,拉塞尔", "卡里姆,阿布杜尔,贾巴尔", "威尔特,张伯伦",
       "埃尔文,约翰逊", "科比,布莱恩特", "蒂姆,邓肯", "勒布朗,詹姆斯",
       "拉里,伯德", "沙奎尔,奥尼尔"]
print(nba[1:5])  # 获取第 2 个到第 5 个元素
print(nba[0:5:2])  # 获取第 1 个、第 3 个和第 5 个元素
```

运行上面的代码，将输出以下内容：

```
['比尔,拉塞尔', '卡里姆,阿布杜尔,贾巴尔', '威尔特,张伯伦', '埃尔文,约翰逊']
['迈克尔,乔丹', '卡里姆,阿布杜尔,贾巴尔', '埃尔文,约翰逊']
```

说明：如果想要复制整个序列，可以将 start 和 end 参数都省略，但是中间的冒号需要保留。例如，nba[:]就表示复制整个名称为 nba 的序列。

4.1.3　序列相加

在 Python 中，支持两种相同类型的序列相加操作，即将两个序列进行连接，不会去除重复的元素，使用加(+)运算符实现。例如，将两个列表相加，可以使用下面的代码：

```
nba1 = ["德怀特,霍华德", "德维恩,韦德", "凯里,欧文", "保罗,加索尔"]
nba2 = ["迈克尔,乔丹", "比尔,拉塞尔", "卡里姆,阿布杜尔,贾巴尔","威尔特,张伯伦",
"埃尔文,约翰逊",
     "科比,布莱恩特", "蒂姆,邓肯", "勒布朗,詹姆斯", "拉里,伯德", "沙奎尔。奥尼尔"]

print(nba1 + nba2)
```

运行上面的代码，将输出以下内容：

```
['德怀特,霍华德', '德维恩,韦德', '凯里,欧文', '保罗,加索尔', '迈克尔,乔丹', '比尔,
拉塞尔', '卡里姆,阿布杜尔,贾巴尔","威尔特,张伯伦', '埃尔文,约翰逊', '科比,布莱恩特',
'蒂姆,邓肯', '勒布朗,詹姆斯', '拉里,伯德', '沙奎尔。奥尼尔']
```

从上面的输出结果中，可以看出，两个列表被合成一个列表了。

说明：在进行序列相加时，相同类型的序列是指同为列表、元组、集合等，序列中的元素类型可以不同。

4.1.4　乘法

在 Python 中，使用数字 n 乘以一个序列会生成新的序列。新序列的内容为原来序列被重复 n 次的结果。例如，下面的代码，将实现把一个序列乘以 3 生成一个新的序列并输出，从而达到“重要事情说三遍”的效果。

```
phone = ["IPhone 11", "小米10 PRO"]
print(phone * 3)
```

运行上面的代码，将显示以下内容：

```
['IPhone 11', '小米10 PRO', 'IPhone 11', '小米10 PRO', 'IPhone 11', '小米
10 PRO']
```

在进行序列的乘法运算时，还可以实现初始化指定长度列表的功能。

4.1.5 检查某个元素是否是序列的成员

在 Python 中，可以使用 in 关键字检查某个元素是否为序列的成员，即检查某个元素是否包含在某个序列中。语法格式如下：

```
value in sequence
```

其中，value 表示要检查的元素，sequence 表示指定的序列。

另外，在 Python 中，也可以使用 not in 关键字实现检查某个元素是否不包含在指定的序列中。

4.1.6 计算序列的长度、最大值和最小值

在 Python 中，提供了内置函数计算序列的长度、最大值和最小值。分别是：使用 len()函数计算序列的长度，即返回序列包含多少个元素；使用 max()函数返回序列中的最大元素；使用 min()函数返回序列中的最小元素。例如：

```
num = [1, 4, 2, 7, 13, 43, 25, 8, 10]
print(len(num))  # 序列长度
print(max(num))  # 最大值
print(min(num))  # 最小值
```

运行上面的代码，将显示以下内容：

```
9
43
1
```

除了上面介绍的 3 个内置函数，Python 还提供了如表 4.1 所示的内置函数。

表 4.1 Python 提供的内置函数及其作用

函 数	作 用
list()	将序列转换为列表
str()	将序列转换为字符串
sum()	计算元素和
sorted()	对元素进行排序
reversed()	反向序列中的元素
enumerate()	将序列组合为一个索引序列，多用在 for 循环中

4.2　列表(List)

对于歌曲列表大家一定很熟悉，在列表中记录着要播放的歌曲名称。

Python 中的列表和歌曲列表类似，也是由一系列按特定顺序排列的元素组成的。它是 Python 中内置的可变序列。在形式上，列表的所有元素都放在一对中括号 0 中，两个相邻元素间使用逗号(,)分隔。在内容上，可以将整数、实数、字符串、列表、元组等任何类型的内容放入到列表中，并且同一个列表中，元素的类型可以不同，因为它们之间没有任何关系。由此可见，Python 中的列表是非常灵活的，这一点与其他语言是不同的。

4.2.1　列表的创建与删除

在 Python 中提供了多种创建列表的方法，下面分别进行介绍。

1. 使用赋值运算符直接创建列表

同其他类型的 Python 变量一样，创建列表时，也可以使用赋值运算符=直接将一个列表赋值给变量，语法格式如下：

```
listname=[element1,element2,element3,,,elementn]
```

其中，listname 表示列表的名称，可以是任何符合 Python 命名规则的标识符；element1，elemnet2，elemnet3，…，elemnetn 表示列表中的元素，个数没有限制，并且只要是 Python 支持的数据类型就可以。

例如，下面定义的列表都是合法的：

```
num = [7,14,21,28,35,42,49,56,63]
verse = ["自古逢秋悲寂寥","我言秋日胜春朝","晴空一鹤排云上","便引诗情到碧霄"]
untitle = ['Python',28,"人生苦短,我用 Python",["爬虫","自动化运维","云计算",
"Web 开发"]]
python = ['优雅',"明确","简单"]
```

说明：在使用列表时，虽然可以将不同类型的数据放入到同一个列表中，但是通常情况下，我们不这样做，而是在一个列表中只放入一种类型的数据。这样可以提高程序的可读性。

2. 创建空列表

在 Python 中，也可以创建空列表，例如，要创建一个名称为 emptylist 的空列表，可以使用下面的代码：

```
emptylist = []
```

3. 创建数值列表

在 Python 中，数值列表很常用。例如，在考试系统中记录学生的成绩，或者在游戏中记录每个角色的位置、各个玩家的得分情况等，都可应用数值列表。在 Python 中，可以使用 list()函数直接将 range()函数循环出来的结果转换为列表。

list()函数的基本语法如下：

```
list(data)
```

其中，data 表示可以转换为列表的数据，其类型可以是 range 对象、字符串、元组或者其他可迭代类型的数据。

例如，创建一个 10～20 之间(不包括 20)所用偶数的列表，可以使用下面的代码：

```
list(range(10,20,2))
```

运行上面的代码后，将得到下面的列表：

```
[10,12,14,16,18]
```

说明：使用 list()函数不仅能通过 range 对象创建列表，还可以通过其他对象创建列表。

4. 删除列表

对于已经创建的列表，不再使用时，可以使用 del 语句将其删除。语法格式如下：

```
del listname
```

其中，listname 为要删除列表的名称。

说明：del 语句在实际开发时，并不常用。因为 Python 自带的垃圾回收机制会自动销毁不用的列表，所以即使我们不手动将其删除，Python 也会自动将其回收。

例如，定义一个名称为 team 的列表，然后再应用 del 语句将其删除，可以使用下面的代码：

```
team=["皇马","罗马","利物浦","拜仁"]
del team
```

常见错误：在删除列表前，一定要保证输入的列表名称是已经存在的，否则将会出现错误。

4.2.2 访问列表元素

在 Python 中，如果想将列表的内容输出也比较简单，直接使用 print()函数即可。例如，创建一个名称为 untitle 的列表，并打印该列表，可以使用下面的代码：

```
untitle=['Python',28,"人生苦短,我用 Python",["爬虫","自动化运维","云计算","web开发"]]
print(untitle)
```

执行结果如下：

```
['Python',28,'人生苦短,我用 Python',['爬虫','自动化运维','云计算','Web 开发','游戏']]
```

从上面的执行结果中可以看出，在输出列表时，是包括左右两侧的中括号的。如果不想要输出全部的元素，也可以通过列表的索引获取指定的元素。例如，要获取 untitle 列表

中索引为2的元素，可以使用下面的代码：

```
print(untitle[2])
```

执行结果如下：

```
人生苦短,我用 Python
```

从上面的执行结果中可以看出，在输出单个列表元素时，不包括中括号，如果是字符串，还不包括左右的引号。

实例 01：输出每日一帖

在 Pycharm 中创建一个名称为 tips.py 的文件，然后在该文件中导入日期时间类，然后定义一个列表(保存 7 条励志文字作为每日一帖的内容)，再获取当前的星期，最后将当前的星期作为列表的索引，输出元素内容，代码如下：

扫码观看实例讲解

```
import datetime#导入日期时间类
#定义一个列表
mot=["今天星期一：\n 坚持下去不是因为我很坚强,而是因为我别无选择。"
"今天星期二：\n 含泪播种的人一定能笑着收获。",
"今天星期三：\n 做对的事情比把事情做对重要。",
"今天星期四：\n 命运给予我们的不是失望之酒,而是机会之杯。",
"今天星期五：\n 不要等到明天,明天太遥远,今天就行动。",
"今天星期六：\n 求知若饥,虚心若愚。",
"今天星期日：\n 成功将属于那些从不说"不可能" 的人。"]
day=datetime.datetime.now().weekday()
print(mot[day])
```

说明： 在上面的代码中，datetime.datetime.now()方法用于获取当前日期，而 weekday()方法则是从日期时间对象中获取星期，其值为 0～6 中的一个，为 0 时代表星期一，为 1 时代表星期二，以此类推，为 6 时代表星期日。

运行结果如图 4.1 所示。

```
今天星期四：
命运给予我们的不是失望之酒，而是机会之杯。

Process finished with exit code 0
```

图 4.1　根据星期输出每日一帖

说明： 上面介绍的是访问列表中的单个元素。实际上，列表还可以通过切片操作实现处理列表中的部分元素。

4.2.3　遍历列表

遍历列表中的所有元素是常用的一种操作，在遍历的过程中可以完成查询、处理等功能。在生活中，如果想要去商场买一件衣服，就需要在商场中逛一遍，看是否有想要的衣服，逛商场的过程就相当于列表的遍历操作。在 Python 中遍历列表的方法有多种，下面介绍两种常用的方法。

1. 直接使用 for 循环实现

直接使用 for 循环遍历列表，只能输出元素的值，语法格式如下：

```
for item in listname:
    #输出 item
```

其中，item 用于保存获取到的元素值，要输出元素内容时，直接输出该变量即可；listname 为列表名称。

例如，定义一个保存 2017～2018 赛季 NBA 西部联盟前八名的列表，然后通过 for 循环遍历该列表，并输出各个球队的名称，代码如下：

```
print("2017~2018 赛季 NBA 西部联盟前八名：")
team = ["休斯顿火箭", "金州勇士", "波特兰开拓者", "犹他爵士", "新奥尔良鹈鹕",
"圣安东尼奥马刺", "俄克拉荷马城雷霆", "明尼苏达森林狼"]
for item in team:
    print(item)
```

执行上面的代码，将显示如图 4.2 所示的结果。

```
2017~2018赛季NBA西部联盟前八名:
休斯顿火箭
金州勇士
波特兰开拓者
犹他爵士
新奥尔良鹈鹕
圣安东尼奥马刺
俄克拉荷马城雷霆
明尼苏达森林狼

Process finished with exit code 0
```

图 4.2　通过 for 循环遍历列表

2. 使用 for 循环和 enumerate()函数实现

使用 for 循环和 enumerate()函数，可以实现同时输出索引值和元素内容，语法格式如下：

```
for index,item in enumerate(listname):
    #输出 index 和 item
```

参数说明：

- index：用于保存元素的索引。
- item：用于保存获取到的元素值，要输出元素内容时，直接输出该变量即可。
- listname 为列表名称。

例如，定义一个保存 2017～2018 赛季 NBA 西部联盟前八名的列表，然后通过 for 循环和 enumerate()函数遍历该列表，并输出索引和球队名称，代码如下：

```
print("2017~2018 赛季 NBA 西部联盟前八名：")
```

```
team = ["休斯顿火箭", "金州勇士", "波特兰开拓者", "犹他爵士", "新奥尔良鹈鹕",
"圣安东尼奥马刺", "俄克拉荷马城雷霆", "明尼苏达森林狼"]
for index, item in enumerate(team):
    print(index + 1, item)
```

执行上面的代码，将显示如图 4.3 所示的结果。

```
2017~2018赛季NBA西部联盟前八名:
1 休斯顿火箭
2 金州勇士
3 波特兰开拓者
4 犹他爵士
5 新奥尔良鹈鹕
6 圣安东尼奥马刺
7 俄克拉荷马城雷霆
8 明尼苏达森林狼

Process finished with exit code 0
```

图 4.3　通过 enumerate 遍历列表

如果想实现分两列显示 2017～2018 赛季 NBA 西部联盟前八名的球队，也就是实现每行输出两个球队名称。

4.2.4　添加、修改和删除列表

添加、修改和删除列表元素也称为更新列表。在实际开发时，经常需要对列表进行更新。下面我们介绍如何实现列表元素的添加、修改和删除。

1. 添加元素

在 4.1 节介绍了可以通过“+”号将两个序列连接，通过该方法也可以实现为列表添加元素。但是这种方法的执行速度要比直接使用列表对象的 append()方法慢，所以建议在实现添加元素时，使用列表对象的 append()方法实现。列表对象的 append()方法用于在列表的末尾追加元素，语法格式如下：

```
listname.append(obj)
```

其中，listname 为要添加元素的列表名称，obj 为要添加到列表末尾的对象。

例如，定义一个包括 4 个元素的列表，然后应用 append()方法向该列表的末尾添加一个元素，可以使用下面的代码：

```
phone = ["摩托罗拉", "诺基亚", "三星", "OPPO"]
len(phone)  # 获取列表的长度
phone.append("iPhone")
len(phone)  # 获取列表的长度
print(phone)
```

上面代码的运行结果如图 4.4 所示。

```
['摩托罗拉', '诺基亚', '三星', 'OPPO', 'iPhone']

Process finished with exit code 0
```

图 4.4 append()函数的使用

多学两招：列表对象除了提供 append()方法可以向列表中添加元素，还提供了 insert()方法，也可以向列表中添加元素。该方法用于向列表的指定位置插入元素。但是由于该方法的执行效率没有 append()方法高，所以不推荐这种方法。

上面介绍的是向列表中添加一个元素，如果想要将一个列表中的全部元素添加到另一个列表中，可以使用列表对象的 extend()方法来实现。extend()方法的语法如下：

```
listname.extend(seq)
```

其中，listname 为原列表，seq 为要添加的列表。语句执行后，seq 的内容将追加到 listname 的后面。

下面通过一个具体的实例演示，将一个列表添加到另一个列表中。

```
a = [1,2,3,4]
b = [5,6,7,8]
b = b.extand(a)
print(b)
```

2. 修改元素

修改列表中的元素只需要通过索引获取该元素，然后再为其重新赋值即可。例如，定义一个保存 3 个元素的列表，然后修改索引值为 2 的元素，代码如下：

```
verse = ["长亭外","古道边","芳草碧连天"]
print(verse)
verse[2] = "一行白鹭上青天" #修改列表的第 3 个元素
print(verse)
```

3. 删除元素

删除元素主要有两种情况，一种是根据索引删除，另一种是根据元素值进行删除。

(1) 根据索引删除。

删除列表中的指定元素和删除列表类似，也可以使用 del 语句实现。所不同的就是在指定列表名称时，换为列表元素。例如，定义一个保存 3 个元素的列表，删除最后一个元素，可以使用下面的代码：

```
verse = ["长亭外","古道边","芳草碧连天"]
del verse[-1]
print(verse)
```

(2) 根据元素值删除。

如果想要删除一个不确定其位置的元素(即根据元素值删除)，可以使用列表对象的 remove()方法实现。例如，要删除列表中内容为“公牛”的元素，可以使用下面的代码：

```
team=["火箭","勇士","开拓者","爵士","鹈鹕","马刺","公牛","森林狼"]
```

```
team.remove("公牛")
```

使用列表对象的 remove()方法删除元素时，如果指定的元素不存在，将出现 ValueError 的异常信息。

所以在使用 remove()方法删除元素前，最好先判断该元素是否存在，改进后的代码如下：

```
team = ["火箭","勇士","开拓者","爵士","鹈鹕","马刺","雷霆","森林狼"]
value = "金牛"
#指定要移除的元素
if team.count(value) > 0：#判断要删除的元素是否存在
    team.remove(value)#移除指定的元素
    print(team)
```

说明： 列表对象的 count()方法用于判断指定元素出现的次数，返回结果为 0 时，表示不存在该元素。关于 count()方法的详细介绍参见 4.2.5 小节。

执行上面的代码后，将显示下面的列表原有内容：

```
['火箭','勇士','开拓者','爵士','鹈鹕','马刺','雷霆','森林狼']
```

4.2.5　对列表进行统计和计算

Python 的列表提供了内置的一些函数来实现统计、计算的功能。下面介绍几种常用的功能。

1. 获取指定元素出现的次数

使用列表对象的 count()方法，可以获取指定元素在列表中的出现次数。基本语法格式如下：

```
listname.count(obj)
```

参数说明：

- listname：表示列表的名称。
- obj：表示要判断是否存在的对象，这里只能进行精确匹配，即不能是元素值的一部分。
- 返回值：元素在列表中出现的次数。

例如，创建一个列表，内容为听众点播的歌曲列表，然后应用列表对象的 count()方法判断元素“云在飞”出现的次数，代码如下：

```
song = ["云在飞","我在诛仙逍遥洞","送你一匹马","半壶纱","云在飞","遇见你",
"等你等了那么久"]
num = song.count("云在飞")
print(num)
```

上面的代码运行后，结果将显示为 2，表示“云在飞”在 song 列表中出现了两次。

2. 获取指定元素首次出现的下标

使用列表对象的 index()方法可以获取指定元素在列表中首次出现的位置(即索引)。基

本语法格式如下：

```
listname.index(obj)
```

参数说明：

- listname：表示列表的名称。
- obj：表示要查找的对象，这里只能进行精确匹配。如果指定的对象不存在时，则抛出异常。
- 返回值：首次出现的索引值。

例如，创建一个列表，内容为听众点播的歌曲列表，然后应用列表对象的 index()方法判断元素“半壶纱”首次出现的位置，代码如下：

```
song=["云在飞","我在诛仙逍遥润","送你一匹马","半壶纱","云在飞","遇见你",
"等你等了那么久"]
position=song.index("半壶纱")
print(position)
```

上面的代码运行后，将显示 3，表示“半壶纱”在列表 song 中首次出现的索引位置是 3。

3. 统计数值列表的元素和

在 Python 中，提供了 sum()函数，用于统计数值列表中各元素的和。语法格式如下：

```
sum(iterable[,start])
```

参数说明：

- iterable：表示要统计的列表。
- start：表示统计结果是从哪个数开始(即将统计结果加上 start 所指定的数)，是可选参数，如果没有指定，默认值为 0。

例如，定义一个保存 10 名学生语文成绩的列表，然后应用 sum()函数统计列表中元素的和，即统计总成绩，然后输出，代码如下：

```
grade = [98,99,97,100,100,96,94,89,95,100]#10 名学生的语文成绩列表
total = sum(grade)#计算总成绩
print("语文总成绩为：",total)
```

上面的代码执行后，将显示下面的结果：

```
语文总成绩为：968
```

4.2.6 对列表进行排序

在实际开发时，经常需要对列表进行排序。Python 中提供了两种常用的对列表进行排序的方法：使用列表对象的 sort()方法，使用内置的 sorted()函数。

1. 使用列表对象的 sort()方法

列表对象提供了 sort()方法，用于对原列表中的元素进行排序。排序后原列表中的元

素顺序将发生改变。列表对象的 sort()方法的语法格式如下：

```
listname.sort(key=None,reverse=False)
```

参数说明：

- listname：表示要进行排序的列表。
- key：表示指定从每个元素中提取一个用于比较的键(如 key=str.lower，表示在排序时不区分字母大小写)。
- reverse：可选参数，如果将其值指定为 True，则表示降序排列；如果为 False，则表示升序排列，默认为升序排列。

例如，定义一个保存 10 名学生语文成绩的列表，然后应用 sort()方法对其进行排序，代码如下：

```
grade = [98, 99, 97, 100, 100, 96, 97, 89, 95, 100]  # 10 名学生语文成绩列表
print("原列表:", grade)
grade.sort()  # 进行升序排列
print("升序: ", grade)
grade.sort(reverse=True)  # 进行降序排列
print("降序", grade)
```

执行上面的代码，将显示以下内容：

```
原列表: [98, 99, 97, 100, 100, 96, 97, 89, 95, 100]
升序:  [89, 95, 96, 97, 97, 98, 99, 100, 100, 100]
降序 [100, 100, 100, 99, 98, 97, 97, 96, 95, 89]
```

使用 sort()方法进行数值列表的排序比较简单，但是使用 sort()方法对字符串列表进行排序时，采用的规则是先对大写字母排序，然后再对小写字母排序。如果想要对字符串列表进行排序(不区分大小写时)，需要指定其 key 参数。例如，定义一个保存英文字符串的列表，然后应用 sort()方法对其进行升序排列，可以使用下面的代码：

```
char = ['cat', 'Tom', 'Angela', 'pet']
char.sort()  # 默认区分字母大小写
print("区分字母大小写: ", char)
char.sort(key=str.lower)  # 不区分字母大小写
print("不区分字母大小写: ", char)
```

运行上面的代码，将显示以下内容：

```
区分字母大小写:  ['Angela', 'Tom', 'cat', 'pet']
字母大小写:  ['Angela', 'cat', 'pet', 'Tom']
```

说明：采用 sort()方法对列表进行排序时，对中文支持不好。排序的结果与我们常用的音序排序法或者笔画排序法都不一致。如果需要实现对中文内容的列表排序，还需要重新编写相应的方法进行处理，不能直接使用 sort()方法。

2. 使用内置的 sorted()函数实现

在 Python 中，提供了一个内置的 sorted()函数，用于对列表进行排序。使用该函数进行排序后，原列表的元素顺序不变。sorted()函数的语法格式如下：

```
sorted(iterable,key=None,reverse=False)
```

参数说明：

- iterable：表示要进行排序的列表名称。
- key：表示指定从每个元素中提取一个用于比较的键(如 key=str.lower，表示在排序时不区分字母大小写)。
- reverse：可选参数，如果将其值指定为 True，则表示降序排列；如果为 False，则表示升序排列，默认为升序排列。

例如，定义一个保存 10 名学生语文成绩的列表，然后应用 sorted()函数对其进行排序，代码如下：

```
grade = [98, 99, 97, 100, 100, 96, 97, 89, 95, 100]  # 10 名学生语文成绩列表
grade_as = sorted(grade)  # 进行升序排列
print("升序", grade_as)
grade_des = sorted(grade, reverse=True)  # 进行降序排列
print("降序", grade_des)
print("原序列", grade)
```

执行上面的代码，将显示以下内容：

```
升序 [89, 95, 96, 97, 97, 98, 99, 100, 100, 100]
降序 [100, 100, 100, 99, 98, 97, 97, 96, 95, 89]
原序列 [98, 99, 97, 100, 100, 96, 97, 89, 95, 100]
```

说明：列表对象的 sort()方法和内置 sorted()函数的作用基本相同；不同点是在使用 sort()方法时，会改变原列表的元素排列顺序，而使用 sorted()函数时，会建立一个原列表的副本，该副本为排序后的列表。

4.2.7 列表推导式

使用列表推导式可以快速生成一个列表，或者根据某个列表生成满足指定需求的列表。列表推导式通常有以下几种常用的语法格式。

(1) 生成指定范围的数值列表，语法格式如下：

```
list=[Expression for var in range]
```

参数说明：

- list：表示生成的列表名称。
- Expression：表达式，用于计算新列表的元素。
- var：循环变量。
- range：采用 range()函数生成的 range 对象。

例如，要生成一个包括 10 个随机数的列表，要求数的范围在 10～100(包括)之间，具体代码如下：

```
import random #导入 random 标准库
randomnumber=[random.randint(10,100) for i in range(10)]
print("生成对随机数为：",randomnumber)
```

执行结果如下：

```
生成对随机数为： [16, 50, 20, 32, 49, 21, 26, 37, 84, 22]
```

(2)　根据列表生成指定需求的列表，语法格式如下：

```
newlist=[Expression for var in list]
```

参数说明：

- newlist：表示新生成的列表名称。
- Expression：表达式，用于计算新列表的元素。
- var：变量，值为后面列表的每个元素值。
- list：用于生成新列表的原列表。

例如，定义一个记录商品价格的列表，然后应用列表推导式生成一个将全部商品价格打五折的列表，具体代码如下：

```
price=[1200,5330,2988,6200,1998,8888]
sale=[int(x*0.5) for x in price]
print("原价格：",price)
print("打五折的价格：",sale)
```

(3)　从列表中选择符合条件的元素组成新的列表，语法格式如下：

```
newlist=[Expression for var in list if condition]
```

参数说明：

- newlist：表示新生成的列表名称。
- Expression：表达式，用于计算新列表的元素。
- var：变量，值为后面列表的每个元素值。
- list：用于生成新列表的原列表。
- condition：条件表达式，用于指定筛选条件。

例如，定义一个记录商品价格的列表，然后应用列表推导式生成一个商品价格高于 5000 元的列表，具体代码如下：

```
price=[1200,5330,2988,6200,1998,8888]
sale=[x for x in price if x > 5000]
print("原列表：",price)
print("价格高于 5000 的：",sale)
```

4.2.8　二维列表的使用

在 Python 中，由于列表元素还可以是列表，所以它也支持二维列表的概念。那么什么是二维列表？前文提到酒店有很多房间，这些房间都可以构成一个列表，如果这个酒店有 500 个房间，那么拿到 499 号房钥匙的旅客可能就不高兴了，从 1 号房走到 499 号房要花好长时间，因此酒店设置了很多楼层，每一个楼层都会有很多房间，形成一个立体的结构，把大量的房间均摊到每个楼层，这种结构就是二维列表结构。

二维列表中的信息以行和列的形式表示，第一个下标代表元素所在的行，第二个下标代表元素所在的列。在 Python 中，创建二维列表有以下三种常用的方法。

1. 直接定义二维列表

在 Python 中，二维列表是包含列表的列表，即一个列表的每一个元素，又都是一个列表。

在创建二维列表时，可以直接使用下面的语法格式进行定义：

```
listname=[[元素 11,元素 12,元素 13,.. .,元素 1n],
          [元素 21,元素 22,元素 23,.. .,元素 2n],
          ****
          [元素 n1,元素 n2,元素 n3,. . .,元素 nn]]
```

参数说明：

- listname：表示生成的列表名称。
- [元素 11，元素 12，元素 13，…，元素 1n]：表示二维列表的第一行，也是一个列表。其中“元素 11，元素 12，…元素 1n”代表第一行中的列。
- [元素 21，元素 22，元素 23，…，元素 2n]：表示二维列表的第二行。
- [元素 nl，元素 n2，元素 n3，…，元素 nn]：表示二维列表的第 n 行。

2. 使用嵌套的 for 循环创建

创建二维列表，可以使用嵌套的 for 循环实现。例如，创建一个包含 4 行 5 列的二维列表，可以使用下面的代码：

```
arr = []
for i in range(4):
    arr.append([])
    for j in range(5):
        arr[i].append(j)
```

3. 使用列表推导式创建

使用列表推导式也可以创建二维列表，因为这种方法比较简洁，所以建议使用这种方法创建二维列表。例如，使用列表推导式创建一个包含 4 行 5 列的二维列表可以使用下面的代码：

```
arr= [[j for j in range(5)] for i in range(4)]
```

创建二维数组后，可以通过以下语法格式访问列表中的元素：

```
listname[下标 1][下标 2]
```

参数说明：

- listname：列表名称。
- 下标 1：表示列表中第几行，下标值从 0 开始，即第一行的下标为 0。
- 下标 2：表示列表中第几列，下标值从 0 开始，即第一列的下标为 0。

例如，要访问二维列表中的第 2 行，第 4 列，可以使用下面的代码：

```
verse[1][3]
```

4.3　元组(Tuple)

元组(Tuple)是 Python 中另一个重要的序列结构，与列表类似，也是由一系列按特定顺序排列的元素组成，但它是不可变序列。因此，元组也可以称为不可变的列表。在形式上，元组的所有元素都放在一对 () 中，两个相邻元素间使用,分隔。在内容上，可以将整数、实数、字符串、列表、元组等任何类型的内容放入到元组中，并且在同一个元组中，元素的类型可以不同，因为它们之间没有任何关系。通常情况下，元组用于保存程序中不可修改的内容。

说明：从元组和列表的定义上看，这两种结构比较相似，二者之间的主要区别为：元组是不可变序列，列表是可变序列。即元组中的元素不可以单独修改，而列表则可以任意修改。

4.3.1　元组的创建与删除

在 Python 中提供了多种创建元组的方法，下面分别进行介绍。

1. 使用赋值运算符直接创建元组

同其他类型的 Python 变量一样，创建元组时，也可以使用赋值运算符=直接将一个元组赋值给变量。语法格式如下：

```
tuplename=(element1, element2, element3,..., elementn)
```

其中，tuplename 表示元组的名称，可以是任何符合 Python 命名规则的标识符；element1、element2、element3、elementn 表示元组中的元素，个数没有限制，并且只要为 Python 支持的数据类型就可以。

注意：创建元组的语法与创建列表的语法类似，只是创建列表时使用的是“[]”，而创建元组时使用的是()。

在 Python 中，元组使用一对小括号将所有的元素括起来，但是小括号并不是必需的，只要将一组值用逗号分隔开来，Python 就可以视其为元组。例如，下面的代码定义的也是元组：

```
ukguzheng="渔舟唱晚", "高山流水", "出水莲", "汉宫秋月"
```

在 Pycharm 中输出该元组后，将显示以下内容：

```
('渔舟唱晚', '高山流水', '出水莲', '汉宫秋月')
```

如果要创建的元组只包括一个元素，则需要在定义元组的时候，在元素的后面加一个逗号“,”。

说明：在 Python 中，可以使用 type()函数测试变量的类型。

2. 创建空元组

在 Python 中，也可以创建空元组，例如，创建一个名称为 emptytuple 的空元组，可

以使用下面的代码：

```
emptytuple = ()
```

3. 创建数值元组

在 Python 中，可以使用 tuple()函数直接将 range()函数循环出来的结果转换为数值元组。

tuple()函数的基本语法如下：

```
tuple(data)
```

其中，data 表示可以转换为元组的数据，其类型可以是 range 对象、字符串、元组或者其他可迭代类型的数据。

说明：使用 tuple()函数不仅能通过 range 对象创建元组，还可以通过其他对象创建元组。

4. 删除元组

对于已经创建的元组，不再使用时，可以使用 del 语句将其删除。语法格式如下：

```
del tuplename
```

其中，tuplename 为要删除元组的名称。

说明：del 语句在实际开发时，并不常用。因为 Python 自带的垃圾回收机制会自动销毁不用的元组，所以即使我们不手动将其删除，Python 也会自动将其回收。

例如，定义一个名称为 verse 的元组，然后再应用 del 语句将其删除，可以使用下面的代码：

```
verse=("春眠不觉晓","Python 不得了","夜来爬数据","好评知多少")
del verse
```

4.3.2 访问元组元素

在 Python 中，如果想将元组的内容输出也比较简单，可以直接使用 print()函数即可。如下面的代码所示：

```
untitle = ('Python', 28, ("人生苦短","我用 Python"), ["爬虫","自动化运维",
"云计算","Web 开发"])
print(untitle)
```

执行结果如下：

```
('Python', 28, ('人生苦短', '我用 Python'), ['爬虫', '自动化运维', '云计算',
'Web 开发'])
```

从上面的执行结果中可以看出，在输出元组时，是包括左右两侧的小括号的。如果不想要输出全部的元素，也可以通过元组的索引获取指定的元素。例如，要获取元组 untitle 中索引为 0 的元素，可以使用下面的代码：

```
print(untitle[0])
```

执行结果如下：

```
Python
```

另外，对于元组也可以采用切片方式获取指定的元素。例如，要访问元组 untitle 中前 3 个元素，可以使用下面的代码：

```
print(untitle[:3])
```

执行结果如下：

```
('Python', 28,(人生苦短, '我用 Python'))
```

4.3.3　修改元组元素

元组是不可变序列，所以我们不能对它的单个元素值进行修改。但是元组也不是完全不能修改。我们可以对元组进行重新赋值。例如，下面的代码是允许的：

```
coffeename = ('蓝山', '卡布奇诺', '曼特宁', '摩卡', '麝香猫', '哥伦比亚')  # 定义元组
coffeename = ('蓝山', '卡布奇诺', '曼特宁', '摩卡', '拿铁', '哥伦比亚')  # 对元组进行重新赋值
print("新元组", coffeename)
```

执行结果如下：

```
新元组 ('蓝山', '卡布奇诺', '曼特宁', '摩卡', '拿铁', '哥伦比亚')
```

从上面的执行结果可以看出，元组 coffeename 的值已经改变。

4.3.4　元组推导式

使用元组推导式可以快速生成一个元组，它的表现形式和列表推导式类似，只是将列表推导式中的“]”修改为“()”。例如，我们可以使用下面的代码生成一个包含 10 个随机数的元组。

```
import random

randomnumber = (random.randint(10, 100) for i in range(10))
print("生成的元组为：", randomnumber)
```

执行结果如下：

```
生成的元组为： <generator object <genexpr> at 0x10581e678>
```

从上面的执行结果中，可以看出使用元组推导式生成的结果并不是一个元组或者列表，而是一个生成器对象，这一点和列表推导式是不同的。要使用该生成器对象，可以将其转换为元组或者列表。其中，转换为元组使用 tuple()函数，而转换为列表则使用 list()函数。

例如，使用元组推导式生成一个包含 10 个随机数的生成器对象，然后将其转换为元

组并输出，可以使用下面的代码：

```
import random

randomnumber = (random.randint(10, 100) for i in range(10))
randomnumber = tuple(randomnumber)
print("转换后：", randomnumber)
```

执行结果如下：

```
转换后： (52, 36, 81, 70, 86, 58, 90, 26, 86, 95)
```

要使用通过元组推导器生成的生成器对象，还可以直接通过 for 循环遍历或者直接使用方法进行遍历。

4.3.5 元组和列表的区别

元组和列表都属于序列，而且它们又都可以按照特定顺序存放一组元素，类型又不受限制，只要是 Python 支持的类型都可以。那么它们之间有什么区别呢？

列表类似于我们用铅笔在纸上写下自己喜欢的歌词，写错了还可以擦掉；而元组则类似于用钢笔写下的歌词，写错了就擦不掉了，除非换一张纸重写。

列表和元组的区别主要体现在以下几个方面：

- 列表属于可变序列，它的元素可以随时修改或者删除；元组属于不可变序列，其中的元素不可以修改，除非整体替换。
- 列表可以使用 append()、extend()、insert()、remove()和 pop()等方法实现添加和修改列表元素，而元组没有这几个方法，所以不能向元组中添加和修改元素。同样，元组也不能删除元素。
- 列表可以使用切片访问和修改列表中的元素。元组也支持切片，但是它只支持通过切片访问元组中的元素，不支持修改。
- 元组比列表的访问和处理速度快，所以当只是需要对其中的元素进行访问，而不进行任何修改时，建议使用元组。
- 列表不能作为字典的键，而元组则可以。

4.4 字典(Dictionary)

通过键从字典中获取指定项，但不能通过索引来获取。

- 字典是任意对象的无序集合。
- 字典是无序的，各项是从左到右随机排序的，即保存在字典中的项没有特定的顺序。这样可以提高查找效率。
- 字典是可变的，并且可以任意嵌套。

字典可以在原处增长或者缩短(无须生成一个副本)。并且它支持任意深度的嵌套(即它的值可以是列表或者其他的字典)。

- 字典中的键必须唯一不允许同一个键出现两次，如果出现两次，则后一个值会被记住。
- 字典中的键必须不可变。

字典中的键是不可变的，所以可以使用数字、字符串或者元组，但不能使用列表。

说明：Python 中的字典相当于 Java 或者 C++中的 Map 对象。

4.4.1 字典的创建与删除

定义字典时，每个元素都包含两个部分“键”和“值”。以水果名称和价格的字典为例，键为水果名称，值为水果价格。

创建字典时，在“键”和“值”之间使用冒号分隔，相邻两个元素使用逗号分隔，所有元素放在一对{}中。语法格式如下：

```
dictionary={'key1': 'value1','key2': 'value2',...,'keyn': 'valuen',}
```

参数说明：

- dictionary：表示字典名称。
- keyl、key2…keyn：表示元素的键，必须是唯一的，并且不可变，例如，可以是字符串、数字或者元组。
- valuel、value2…valuen：表示元素的值，可以是任何数据类型，不是必须唯一的。

例如，创建一个保存通信录信息的字典，可以使用下面的代码：

```
dictionary = {'Bob': '12345678', 'Lily': '12345679', 'Helen': '23456789'}
print(dictionary)
```

执行结果如下：

```
{'Lily': '12345679', 'Bob': '12345678', 'Helen': '23456789'}
```

同列表和元组一样，也可以创建空字典。在 Python 中，可以使用下面两种方法创建空字典：

```
dictionary = {}
```

或者：

```
dictionary = dict()
```

Python 中的 dict()方法除了可以创建一个空字典外，还可以通过已有数据快速创建字典。主要表现为以下两种形式。

1. 通过映射函数创建字典

通过映射函数创建字典的语法如下：

```
dictionary = dict(zip(list1,list2))
```

参数说明：

- dictionary：表示字典名称。

- zip()函数：用于将多个列表或元组对应位置的元素组合为元组，并返回包含这些内容的 zip 对象。如果想获取元组，可以将 zip 对象使用 tuple()函数转换该元组；如果想获取列表，则可以使用 list()函数将其转换为列表。
- listl：一个列表，用于指定要生成字典的键。
- list2：一个列表，用于指定要生成字典的值。如果 list1 和 list2 的长度不同，则与最短的列表长度相同。

说明：在 Python 2.x 中，zip()函数返回的内容为包含元组的列表。

2. 通过给定的"键-值对"创建字典

通过给定的"键-值对"创建字典的语法如下：

```
dictionary = dict(key1=value1, key2=value2,..., keyn=valuen)
```

参数说明：

- dictionary：表示字典名称。
- keyl,key2,…keyn：表示元素的键，必须是唯一的，并且不可变，例如可以是字符串、数字或者元组。
- valuel,value2,…,valuen：表示元素的值，可以是任何数据类型，不是必须唯一的。

在 Python 中，还可以使用 dict 对象的 fromkeys()方法创建值为空的字典，语法如下：

```
dictionary = dict.fromkeys(list1)
```

参数说明：

- dictionary：表示字典名称。
- listl：作为字典的键的列表。

4.4.2 通过键值对访问字典

在 Python 中，如果想将字典的内容输出也比较简单，可以直接使用 print()函数。

但是，在使用字典时，很少直接输出它的内容。一般需要根据指定的键得到相应的结果。在 Python 中，访问字典的元素可以通过下标的方式实现，与列表和元组不同，这里的下标不是索引号，而是键。例如，在下面的字典中想要获取"Bob"的电话，可以使用下面的代码：

```
dictionary = {'Bob': '12345678', 'Lily': '12345679', 'Helen': '23456789'}
print(dictionary['Bob'])
```

执行结果如下：

```
12345678
```

另外，Python 中推荐的方法是使用字典对象的 get()方法获取指定键的值，语法格式如下：

```
dictionary.get(key[,default])
```

参数说明：

- dictionary：为字典对象，即要从中获取值的字典。
- key：为指定的键。
- default：为可选项，用于指定当指定的“键”不存在时，返回一个默认值，如果省略，则返回 None。

4.4.3　遍历字典

字典是以“键-值对”的形式存储数据的，所以需要通过这些“键-值对”进行获取。Python 提供了遍历字典的方法，通过遍历可以获取字典中的全部“键-值对”。

使用字典对象的 items()方法可以获取字典的“键-值对”列表，语法格式如下：

```
dictionary.items()
```

其中，dictionary 为字典对象；返回值为可遍历的(键-值对)的元组列表。想要获取到具体的“键-值对”，可以通过 for 循环遍历该元组列表。

说明：在 Python 中，字典对象还提供了 values()方法和 keys()方法，用于返回字典的“值”和“键”列表，它们的使用方法同 items() 方法类似，也需要通过 for 循环遍历该字典列表，获取对应的值和键。

4.4.4　添加、修改和删除字典元素

由于字典是可变序列，所以可以随时在字典中添加“键-值对”。向字典中添加元素的语法格式如下：

```
dictionary[key] = value
```

参数说明：

- dictionary：表示字典名称。
- key：表示要添加元素的键，必须是唯一的，并且不可变，例如可以是字符串、数字或者元组。
- value：表示元素的值，可以是任何数据类型，不是必须唯一的。

4.4.5　字典推导式

使用字典推导式可以快速生成一个字典，它的表现形式和列表推导式类似。例如，我们可以使用下面的代码生成一个包含 4 个随机数的字典，其中字典的键使用数字表示。

```
import random  # 导入 random 标准库

randomdict = {i: random.randint(10, 100) for i in range(1, 5)}
print("生成的字典为:", randomdict)
```

执行结果如下：

```
生成的字典为：{1: 76, 2: 17, 3: 94, 4: 49}
```

另外，使用字典推导式也可根据列表生成字典。

4.5 集合(Set)

Python 中的集合同数学中的集合概念类似，也是用于保存不重复元素的。它有可变集合(Set)和不可变集合(Frozen Set)两种。本节所要介绍的可变集合是无序可变序列，而不可变集合在本书中不做介绍。在形式上，集合的所有元素都放在一对{}中，两个相邻元素间使用,分隔。集合最好的应用就是去掉重复元素，因为集合中的每个元素都是唯一的。

说明： 在数学中，集合的定义是把一些能够确定的不同的对象看成一个整体，而这个整体就是由这些对象的全体构成的集合。集合通常用{}或者大写的拉丁字母表示。

集合最常用的操作就是创建集合，以及集合的添加、删除、交集、并集和差集等运算，下面分别进行介绍。

4.5.1 集合的创建

在 Python 中提供了两种创建集合的方法：一种是直接使用{}创建，另一种是通过 set()函数将列表、元组等可迭代对象转换为集合。这里推荐使用第二种方法。

1. 直接使用{}创建集合

在 Python 中，创建 Set 集合也可以像列表、元组和字典一样，直接将集合赋值给变量从而实现创建集合，即直接使用{}创建。语法格式如下：

```
setname={element1,element2,element3,…,elementn}
```

参数说明：

- setname：表示集合的名称，可以是任何符合 Python 命名规则的标识符。
- element1，element2，element3，…，elementn：表示集合中的元素，个数没有限制，只要是 Python 支持的数据类型就可以。

注意： 在创建集合时，如果输入了重复的元素，Python 会自动只保留一个。

例如，有如下代码：

```
set1={'水瓶座',"射手座","双鱼座","双子座"}
set2={3,1,4,1,5,9,2,6}
set3={'Python',28,('人生苦短',"我用 Python")}
```

这段代码将创建以下集合：

```
{'水瓶座',"射手座","双鱼座","双子座"}
{3,4,1,5,9,2,6}
{'Python',28,('人生苦短',"我用 Python")}
```

说明：由于 Python 中的 set 集合是无序的，所以每次输出时元素的排列顺序可能都不相同。

2. 使用 set()函数创建

在 Python 中，可以使用 set()函数将列表、元组等其他可迭代对象转换为集合。set()函数的语法格式如下：

```
setname=set(iteration)
```

参数说明：

- setname：表示集合名称。
- iteration：表示要转换为集合的可迭代对象，可以是列表、元组、range 对象等，也可以是字符串。如果是字符串，返回的集合将是包含全部不重复字符的集合。

说明：在 Python 中，创建集合时推荐采用 set()函数实现。

4.5.2　集合的添加和删除

集合是可变序列，所以在创建集合后，还可以对其添加或者删除元素。

1. 向集合中添加元素

向集合中添加元素可以使用 add()方法实现，语法格式如下：

```
setname.add(element)
```

参数说明：

- setname：表示要添加元素的集合。
- element：表示要添加的元素内容，只能使用字符串、数字及布尔类型的 True 或者 False 等，不能使用列表、元组等可迭代对象。

2. 从集合中删除元素

在 Python 中，可以使用 del 命令删除整个集合，也可以使用集合的 pop()方法或者 remove()方法删除一个元素，或者使用集合对象的 clear()方法清空集合，即删除集合中的全部元素，使其变为空集合。

4.5.3　集合的交集、并集和差集运算

集合最常用的操作就是进行交集、并集、差集和对称差集运算。进行交集运算时使用&符号，进行并集运算时使用 | 符号，进行差集运算时使用 - 符号，进行对称差集运算时使用 ^ 符号。

4.5.4　列表、元组、字典和集合的区别

在 4.2 节～4.5 节介绍了序列中的列表、元组、字典和集合的应用，下面通过表 4.2 对这几种数据序列进行比较。

表 4.2 列表、元组、字典和集合的区别

数据结构	是否可变	是否重复	是否有序	定义符号
列表(List)	可变	可重复	有序	[]
元祖(Tuple)	不可变	可重复	有序	()
字典(Dictionary)	可变	可重复	无序	{key:value}
集合(Set)	可变	不可重复	无序	{}

4.6 本 章 小 结

本章首先简要介绍了 Python 中的序列及序列的常用操作，然后重点介绍了 Python 中的列表和元组。其中，元组可以理解为被上了“枷锁”的列表，即元组中的元素不可以修改；接下来又介绍了 Python 中的字典，字典和列表有些类似，区别是字典中的元素是由“键-值对”组成的；最后介绍了 Python 中的集合，集合的主要作用就是去掉重复的元素。读者在实际开发时，可以根据自己的实际需要，选择使用合适的序列类型。

第 5 章 函数

在前面章节中，所有编写的代码都是从上到下依次执行的，如果某段代码需要多次使用，那么需要将该段代码复制多次，这种做法势必会影响开发效率，在实际项目开发中是不可取的。那么如果想让某一段代码多次使用，应该怎么做呢？在 Python 中，提供了函数来解决这种问题。我们可以把实现某一功能的代码定义为一个函数，然后在需要使用时，随时调用即可，十分方便。函数，简言之就是可以完成某项工作的代码块，有点类似积木块，可以反复使用。

本章将对如何定义和调用函数及函数的参数、变量的作用域、匿名函数等进行详细介绍。

5.1 函数的创建和调用

提到函数，大家会想到数学函数吧，函数是数学最重要的一个模块，贯穿整个数学学习过程。在 Python 中，函数的应用非常广泛。在前面我们已经多次接触过函数。例如，用于输出的 print()函数、用于输入的 input()函数及用于生成一系列整数的 range()函数，这些都是 Python 内置的标准函数，可以直接使用。除了可以直接使用的标准函数外，Python 还支持自定义函数。即通过将一段有规律的、重复的代码定义为函数，来达到一次编写、多次调用的目的。使用函数可以提高代码的重复利用率。

5.1.1 创建一个函数

创建函数也称为定义函数，可以理解为创建一个具有某种用途的工具。使用 def 关键字实现，具体的语法格式如下：

```
def functionname([parameterlist]):
    ['''comments''']
    [functionbody]
```

参数说明：

- functionname：函数名称，在调用函数时使用。
- parameterlist：可选参数，用于指定向函数中传递的参数。如果有多个参数，各参数间使用逗号“,”分隔。如果不指定，则表示该函数没有参数，在调用时也不指定参数。

注意： 即使函数没有参数，也必须保留一对空的“()”，否则将显示“invalid syntax”。

- comments：可选参数，表示为函数指定注释，注释的内容通常是说明该函数的功能、要传递的参数的作用等，可以为用户提供友好提示和帮助的内容。

说明： 在定义函数时，如果指定了 comments 参数，那么在调用函数时，输入函数名称及左侧的小括号时，就会显示该函数的帮助信息。

注意： 如果在输入函数名和左侧括号后，没有显示友好提示，那么就检查函数本身是否有误，检查方法可以是在未调用该方法时，先按下 F5 快捷键执行一遍代码。

- functionbody：可选参数，用于指定函数体，即该函数被调用后，要执行的功能代码。如果函数有返回值，可以使用 return 语句返回。

注意： 函数体 functionbody 和注释 comments 相对于 def 关键字必须保持一定的缩进。

说明： 如果想定义一个什么也不做的空函数，可以使用 pass 语句作为占位符。

例如，定义一个过滤危险字符的函数 filterchar()，代码如下：

```
def filterchar(string):
 """
```

```
    功能：过滤危险字符，并将过滤后的结果输出
    :param string:
    :return:
    """
    import re
    pattern = r'(黑客)|(抓包)|(监听)'  # 模式字符串
    sub = re.sub(pattern, "@_@", string)  # 进行模式替换
    print(sub)
```

运行上面的代码，将不显示任何内容，也不会抛出异常，因为 filterchar()函数还没有被调用。

5.1.2　调用函数

调用函数也就是执行函数。如果把创建的函数理解为创建一个具有某种用途的工具，那么调用函数就相当于使用该工具。调用函数的基本语法格式如下：

```
functionname([parametersvalue])
```

参数说明：

- functionname：函数名称，要调用的函数名称必须是已经创建好的。
- parametersvalue：可选参数，用于指定各个参数的值。如果需要传递多个参数值，则各参数值间使用逗号,分隔。如果该函数没有参数，则直接写一对小括号即可。

例如，调用在 5.1.1 小节创建的 filterchar()函数，可以使用下面的代码：

```
about = "小明喜欢看黑客相关的图书,擅长于网络抓包"
filterchar(about)
```

调用 filterchar()函数后，将显示如图 5.1 所示的结果。

```
小明喜欢看@_@相关的图书，擅长于网络@_@

Process finished with exit code 0
```

图 5.1　调用 filterchar()函数的结果

场景模拟： 第 4 章的实例实现了每日一帖功能，但是这段代码只能执行一次，如果想要再次输出，还需要再重新写一遍。如果把这段代码定义为一个函数，那么就可以多次显示每日一帖了。

实例 01：输出每日一帖(共享版)

在 Pycharm 中创建一个名称为 function_tips.py 的文件，然后在该文件中创建一个名称为 function_tips 的函数，在该函数中，从励志文字列表中获取一条励志文字并输出，最后再调用函数 function_tips()，代码如下：

```
def function_tips():
    """
    功能:每天输出一条励志文字
```

扫码观看实例讲解

```
    :return:
    """
    import datetime  # 导入日期时间类
    # 定义一个列表
    mot = ["今天星期一: \n 坚持下去不是因为我很坚强,而是因为我别无选择",
           "今天星期二: \n 含泪播种的人一定能笑着收获",
           "今天星期三: \n 做对的事情比把事情做对重要",
           "今天星期四: \n 命运给予我们的不是失望之酒,而是机会之杯",
           "今天星期五: \n 不要等到明天,明天太遥远,今天就行动",
           "今天星期六: \n 求知若饥,虚心若愚",
           "今天星期日: \n 成功将属于那些从不说"不可能"的人"]
    # 获取当前星期
    day = datetime.datetime.now().weekday()
    print(mot[day])


#  调用函数
function_tips()
```

运行结果如图 5.2 所示。

```
今天星期二:
含泪播种的人一定能笑着收获

Process finished with exit code 0
```

图 5.2　调用函数输出每日一帖

5.2　参 数 传 递

在调用函数时，大多数情况下，主调函数和被调用函数之间有数据传递关系，这就是有参数的函数形式。函数参数的作用是传递数据给函数使用，函数利用接收的数据进行具体的操作处理。

函数参数在定义函数时放在函数名称后面的一对小括号中。

5.2.1　了解形式参数和实际参数

在使用函数时，经常会用到形式参数和实际参数，二者都叫作参数，它们的区别将先通过形式参数与实际参数的作用来进行讲解，再通过一个比喻和实例进行深入探讨。

1. 通过作用理解

形式参数和实际参数在作用上的区别如下。

- 形式参数：在定义函数时，函数名后面括号中的参数为“形式参数”。
- 实际参数：在调用一个函数时，函数名后面括号中的参数为“实际参数”，也就是将函数的调用者提供给函数的参数称为实际参数。

根据实际参数的类型不同，可以分为将实际参数的值传递给形式参数和将实际参数的

引用传递给形式参数两种情况。其中，当实际参数为不可变对象时，进行值传递；当实际参数为可变对象时，进行的是引用传递。实际上，值传递和引用传递的基本区别就是，进行值传递后，改变形式参数的值，实际参数的值不变；而进行引用传递后，改变形式参数的值，实际参数的值也一同改变。

例如，定义一个名称为 demo()的函数，然后为 demo()函数传递一个字符串类型的变量作为参数(代表值传递)，并在函数调用前后分别输出该字符串变量，再为 demo()函数传递一下列表类型的变量作为参数(代表引用传递)，并在函数调用前后分别输出该列表。代码如下：

```
# 定义函数
def demo(obj):
    print("原值：", obj)
    obj += obj


# 调用函数
print("=========值传递========")
mot = "唯有在被追赶的时候,你才能真正地奔跑。"
print("函数调用前:", mot)
demo(mot)  # 采用不可变对象——字符串
print("函数调用后:", mot)
print("=========引用传递========")
list1 = ['绮梦', '冷伊一', '香凝', '黛兰']
print("函数调用前:", list1)
demo(list1)  # 采用可变对象——列表
print("函数调用后:", list1)
```

上面代码的执行结果如下：

```
=========值传递========
函数调用前: 唯有在被追赶的时候,你才能真正地奔跑。
原值:  唯有在被追赶的时候,你才能真正地奔跑。
函数调用后: 唯有在被追赶的时候,你才能真正地奔跑。
=========引用传递========
函数调用前: ['绮梦', '冷伊一', '香凝', '黛兰']
原值:  ['绮梦', '冷伊一', '香凝', '黛兰']
函数调用后: ['绮梦', '冷伊一', '香凝', '黛兰', '绮梦', '冷伊一', '香凝', '黛兰']

Process finished with exit code 0
```

从上面的执行结果中可以看出，在进行值传递时，改变形式参数的值后，实际参数的值不改变；在进行引用传递时，改变形式参数的值后，实际参数的值也发生改变。

2. 通过一个比喻来理解形式参数和实际参数

函数定义时，参数列表中的参数就是形式参数；而函数调用时，传递进来的参数就是实际参数。就像剧本选主角一样，剧本的角色相当于形式参数，而演角色的演员就相当于实际参数。

场景模拟：第 2 章的最后一个实例实现了根据身高和体重计算 BMI 指数，但是这段代码只能计算一个固定的身高和体重(可以理解为一个人的)，如果想要计算另一个人的身高和体重对应的 BMI 指数，那么还需要把这段代码重新写一遍。但如果把这段代码定义

为一个函数，那么就可以计算多个人的 BMI 指数了。

实例 02：根据身高、体重计算 BMI 指数(共享版)

在 Pycharm 中创建一个名称为 function_bmi.py 的文件，然后在该文件中定义一个名称为 fun_bmi 的函数，该函数包括 3 个参数，分别用于指定姓名、身高和体重，再根据公式：BMI=体重/(身高×身高)计算 BMI 指数，并输出结果，最后在函数体外调用两次 fun_bmi 函数，代码如下：

扫码观看实例讲解

```
def fun_bmi(person, height, weight):
    """
    功能：根据身高和体重计算 BMI 指数
    :param person:姓名
    :param height:身高
    :param weight:体重
    :return:
    """
    bmi = weight / (height * height)
    print(person + "的 BMI 指数为：" + str(bmi))
    # 判断身材是否合理
    if bmi < 18.5:
        print("您的体重过轻~@_@~\n")
    if bmi >= 18.5 and bmi < 24.9:
        print("正常范围,注意保持(-_-) \n")
    if bmi >= 24.9 and bmi < 29.9:
        print("您的体重过重 ~@_@\n")


# 调用函数
fun_bmi("路人甲", 1.83, 60)  # 计算路人甲的 BMI 指数
fun_bmi("路人乙", 1.60, 50)  # 计算路人乙的 BMI 指数
```

运行结果如图 5.3 所示。

```
路人甲的BMI指数为：17.916330735465376
您的体重过轻~@_@~

路人乙的BMI指数为：19.531249999999996
正常范围,注意保持(-_-)


Process finished with exit code 0
```

图 5.3　根据身高、体重计算 BMI 指数

从该实例代码和运行结果可以看出以下几点。

(1) 定义一个根据身高、体重计算 BMI 指数的函数 fun_bmi()，在定义函数时指定的变量 person、height 和 weight 称为形式参数。

(2) 在函数 fun_bmi()中根据形式参数的值计算 BMI 指数，并输出相应的信息。

(3) 在调用 fun_bmi()函数时，指定的“路人甲”、1.83 和 60 等都是实际参数，在函数执行时，这些值将被传递给对应的形式参数。

5.2.2　位置参数

位置参数也称必备参数，是必须按照正确顺序传到函数中的，即调用时的数量和位置必须和定义时是一样的。

1. 数量必须与定义时一致

在调用函数时，指定的实际参数的数量必须与形式参数的数量一致，否则将抛出 TypeError 异常，提示缺少必要的位置参数。

例如，调用实例 02 中编写的根据身高、体重计算 BMI 指数的函数 fun_bmi(person，height，weight)，将参数少传一个，即只传递两个参数，代码如下：

```
fun_bmi("路人甲", 1.83)  # 计算路人甲的 BMI 指数
```

函数调用后，将显示如图 5.4 所示的异常信息。

```
Traceback (most recent call last):
  File "/Users/burette/PythonCode/chap5/function_bmi.py", line 31, in <module>
    fun_bmi("路人甲", 1.83)  # 计算路人甲的BMI指数
TypeError: fun_bmi() missing 1 required positional argument: 'weight'

Process finished with exit code 1
```

图 5.4　缺少必要参数时抛出的异常

从图 5.4 所示的异常信息中可以看出，抛出的异常类型为 TypeError，具体是指“fun_bmi()方法缺少一个必要的占位参数 weight”。

2. 位置必须与定义时一致

在调用函数时，指定的实际参数的位置必须与形式参数的位置一致，否则将产生以下两种结果。

(1)　抛出 TypeError 异常。

抛出异常的情况主要是因为实际参数的类型与形式参数的类型不一致，并且在函数中，这两种类型还不能正常转换。

例如，调用实例 02 中编写的 fun_bmi(person，height，weight)函数，将第 1 个参数和第 2 个参数位置调换，代码如下：

```
fun_bmi(60, "路人甲", 1.83) # 计算路人甲的 BMI 指数
```

函数调用后，将显示如图 5.5 所示的异常信息。主要是因为传递的整型数值不能与字符串进行连接操作。

```
Traceback (most recent call last):
  File "/Users/burette/PythonCode/chap5/function_bmi.py", line 31, in <module>
    fun_bmi(60, "路人甲", 1.83) # 计算路人甲的BMI指数
  File "/Users/burette/PythonCode/chap5/function_bmi.py", line 19, in fun_bmi
    bmi = weight / (height * height)
TypeError: can't multiply sequence by non-int of type 'str'

Process finished with exit code 1
```

图 5.5　提示不支持的操作数类型

(2) 产生的结果与预期不符。

在调用函数时，如果指定的实际参数与形式参数的位置不一致，但是它们的数据类型一致，那么就不会抛出异常，而是产生结果与预期不符的问题。

例如，调用实例 02 中编写的 fun_bmi(person，height，weight)函数，将第 2 个参数和第 3 个参数位置调换，代码如下：

```
fun_bmi("路人甲", 60, 1.83)  # 计算路人甲的 BMI 指数
```

函数调用后，将显示如图 5.6 所示的结果。从结果中可以看出，虽然没有抛出异常，但是得到的结果与预期不一致。

```
路人甲的BMI指数为: 0.0005083333333333334
您的体重过轻~@_@~


Process finished with exit code 0
```

图 5.6　结果与预期不符

说明：由于调用函数时，传递的实际参数的位置与形式参数的位置不一致时，并不会总是抛出异常，所以在调用函数时一定要确定好位置，否则将会产生 Bug，还不容易被发现。

5.2.3　关键字参数

关键字参数是指使用形式参数的名字来确定输入的参数值。通过该方式指定实际参数时，不再需要与形式参数的位置完全一致。只要将参数名写正确即可。这样可以避免用户需要牢记参数位置的麻烦，使得函数的调用和参数传递更加灵活方便。

例如，调用实例 02 中编写的 fun_bmi(person，height，weight)函数，通过关键字参数指定各个实际参数，代码如下：

```
fun_bmi(height=1.83,weight=60,person="路人甲") # 计算路人甲的 BMI 指数
```

函数调用后，将显示以下结果：

```
路人甲的BMI指数为: 17.916330735465376
您的体重过轻~@_@~


Process finished with exit code 0
```

从上面的结果中可以看出，虽然在指定实际参数时，顺序与定义函数时不一致，但是运行结果与预期是一致的。

5.2.4　为参数设置默认值

调用函数时，如果没有指定某个参数将抛出异常，为了解决这个问题，我们可以为参数设置默认值，即在定义函数时，直接指定形式参数的默认值。这样，当没有传入参数

时，则直接使用定义函数时设置的默认值。定义带有默认值参数的函数的语法格式如下：

```
def functionname(...,[aprameter1 = defaultvalue1]):
   [functionbody]
```

参数说明：

- functionname：函数名称，在调用函数时使用。
- parameterl=defaultvaluel：可选参数，用于指定向函数中传递的参数，并且为该参数设置默认值为 defaultvaluel。
- functionbody：可选参数，用于指定函数体，即该函数被调用后，要执行的功能代码。

注意：在定义函数时，指定默认的形式参数必须在所有参数的最后，否则将产生语法错误。

例如，修改实例 02 中定义的根据身高、体重计算 BMI 指数的函数 fun_bmi()，为其第一个参数指定默认值，修改后的代码如下：

```
def fun_bmi(height, weight, person="路人"):
  """
  功能：根据身高和体重计算 BMI 指数
  :param person:姓名
  :param height:身高
  :param weight:体重
  :return:
  """
  bmi = weight / (height * height)
  print(person + "的 BMI 指数为：" + str(bmi))
  # 判断身材是否合理
  if bmi < 18.5:
      print("您的体重过轻~@_@~\n")
  if bmi >= 18.5 and bmi < 24.9:
      print("正常范围,注意保持(-_-) \n")
  if bmi >= 24.9 and bmi < 29.9:
      print("您的体重过重 ~@_@\n")
```

然后调用该函数，不指定第一个参数，代码如下：

```
fun_bmi(1.73,60)
```

执行结果如下：

```
路人的BMI指数为：20.04744562130375
正常范围,注意保持(-_-)


Process finished with exit code 0
```

多学两招：在 Python 中，可以使用“函数名__defaults__”查看函数的默认值参数的当前值，其结果是一个元组。例如，显示上面定义的 fun_bmi()函数的默认值参数的当前值，可以使用 fun_bmi.__defaults__，结果为“('路人',)”。

另外，使用可变对象作为函数参数的默认值时，多次调用可能会导致意料之外的情况。例如，编写一个名称为 demo()的函数，并为其设置一个带默认值的参数，再调用函

数，代码如下：

```
def demo(obj = []):  # 定义函数并为obj指定默认值
    print("obj的值：",obj)
    obj.append(1)

demo()
```

将显示以下结果：

```
obj的值： []
```

连续两次调用 demo()函数，并且都不指定实际参数，将显示以下结果：

```
obj的值： []
obj的值： [1]
```

从上面的结果来看，这显然不是我们想要的结果。为了防止出现这种情况，最好使用 None 作为可变对象的默认值，这时还需要加上必要的检查代码。修改后的代码如下：

```
def demo(obj = None):  # 定义函数并为obj指定默认值
 if obj == None:
    obj = []
 print("obj的值：",obj)
 obj.append(1)
```

将显示以下结果：

```
obj的值： []
obj的值： []
```

说明：定义函数时，为形式参数设置默认值要牢记一点：默认参数必须指向不可变对象。

5.2.5 可变参数

在 Python 中，还可以定义可变参数。可变参数也称不定长参数，即传入函数中的实际参数可以是任意多个。

定义可变参数时，主要有两种形式：一种是*parameter，另一种是**parameter。

1. *parameter

这种形式表示接收任意多个实际参数并将其放到一个元组中。例如，定义一个函数，让其可以接收任意多个实际参数，代码如下：

```
def printcoffee(*coffername):  # 定义输出我喜欢的咖啡名称的函数
    print("\n我喜欢的咖啡有：")
    for item in coffername:
        print(item)  # 输出咖啡名称
```

调用 3 次上面的函数，分别指定不同的实际参数，代码如下：

```
printcoffee('蓝山')
```

```
printcoffee('蓝山', '卡布奇诺', '土耳其', '巴西', '哥伦比亚')
printcoffee('蓝山', '卡布奇诺', '曼特宁', "摩卡")
```

执行结果如图 5.7 所示。

```
我喜欢的咖啡有:
蓝山

我喜欢的咖啡有:
蓝山
卡布奇诺
土耳其
巴西
哥伦比亚

我喜欢的咖啡有:
蓝山
卡布奇诺
曼特宁
摩卡

Process finished with exit code 0
```

图 5.7　执行结果

如果想要使用一个已经存在的列表作为函数的可变参数，可以在列表的名称前加“*”。例如下面的代码：

```
param = ['蓝山', '卡布奇诺', '土耳其']
printcoffee(*param)
```

通过上面的代码调用 printcoffee()函数后，将显示以下运行结果：

```
我喜欢的咖啡有:
蓝山
卡布奇诺
土耳其
```

场景模拟：假设某某大学的文艺社团里有多个组合，他们想要计算每个人的 BMI 指数。

实例 03：根据身高、体重计算 BMI 指数(共享升级版)

在 Pycharm 中创建一个名称为 function_bmi_upgrade.py 的文件，然后在该文件中定义一个名称为 fun_bmi_upgrade 的函数，该函数包括一个可变参数，用于指定包括姓名、身高和体重的测试人信息，在该函数中将根据测试人信息计算 BMI 指数，并输出结果，最后在函数体外定义一个列表，并且将该列表作为 fun_bmi_upgrade()函数的参数调用，代码如下：

```
def fun_bmi_upgrade(*person):
    """
    功能:根据身高和体重计算 BMI 指数(共享升级版)
    *person:可变参数 该参数中需要传递带 3 个元素的列表,
    分别为姓名、身高(单位:米)和体重(单位:千克)
    :param person:
    :return:
```

扫码观看实例讲解

```
    """
    for list_person in person:
        for item in list_person:
            person = item[0]
            height = item[1]
            weight = item[2]
            print("\n" + "=" * 13, person, "=" * 13)
            print("身高: " + str(height) + "米\t 体重: " + str(weight) + "千克")
            bmi = weight / (height * height)  # 用于计算 BMI 指数,公式为: BMI=
体重/身高的平方
            print("BMI 指数:" + str(bmi))  # 输出 BMI 指数
            # 判断身材是否合理
            if bmi < 18.5:
                print("您的体重过轻~@_@")
            if bmi >= 18.5 and bmi < 24.9:
                print("正常范围,注意保持(-_-)")
            if bmi >= 24.9 and bmi < 29.9:
                print("您的体重过重 ~@_@")
            if bmi >= 29.9:
                print("肥胖^@_@^")


# 调用函数
list_w = [('绮梦', 1.70, 65), ('零语', 1.78, 50), ('黛兰', 1.72, 66)]
list_m = [('梓轩', 1.80, 75), ('冷伊一', 1.75, 70)]
fun_bmi_upgrade(list_w, list_m)  # 调用函数指定可变参数
```

运行结果如图 5.8 所示。

```
============= 绮梦 =============
身高: 1.7米    体重: 65千克
BMI指数:22.49134948096886
正常范围,注意保持(-_-)

============= 零语 =============
身高: 1.78米   体重: 50千克
BMI指数:15.780835753061481
您的体重过轻~@_@

============= 黛兰 =============
身高: 1.72米   体重: 66千克
BMI指数:22.30935640886966
正常范围,注意保持(-_-)

============= 梓轩 =============
身高: 1.8米    体重: 75千克
BMI指数:23.148148148148145
正常范围,注意保持(-_-)

============= 冷伊一 =============
身高: 1.75米   体重: 70千克
BMI指数:22.857142857142858
正常范围,注意保持(-_-)

Process finished with exit code 0
```

图 5.8　根据身高、体重计算 BMI 指数(共享升级版)

2. **parameter

这种形式表示接收任意多个类似关键字参数一样显式赋值的实际参数，并将其放到一个字典中。例如，定义一个函数，让其可以接收任意多个显式赋值的实际参数，代码如下：

```
def printsign(**sign):
    print()
    for key, value in sign.items():
        print("[" + key + "] 的星座是：" + value)


# 调用函数
printsign(绮梦='水瓶座', 冷伊一='射手座')
printsign(香凝擬='双鱼座', 黛兰='双子座', 冷伊一='射手座')
```

执行结果如下：

```
[绮梦] 的星座是：水瓶座
[冷伊一] 的星座是：射手座

[香凝擬] 的星座是：双鱼座
[黛兰] 的星座是：双子座
[冷伊一] 的星座是：射手座
```

5.3　返　回　值

到目前为止，我们创建的函数都只是为我们做一些事，做完了就结束。但实际上，有时还需要对事情的结果进行获取。这类似于主管向下级职员下达命令，职员去做，最后需要将结果报告给主管。为函数设置返回值的作用，就是将函数的处理结果返回给调用它的程序。

在 Python 中，可以在函数体内使用 return 语句为函数指定返回值，且无论 return 语句出现在函数的什么位置，只要得到执行，就会直接结束函数的执行。

return 语句的语法格式如下：

```
return [value]
```

参数说明：

value 为可选参数，用于指定要返回的值，可以返回一个值，也可返回多个值。为函数指定返回值后，在调用函数时，可以把它赋给一个变量(如 result)，用于保存函数的返回结果。如果返回一个值，那么 result 中保存的就是返回的一个值，该值可以为任意类型。如果返回多个值，那么 result 中保存的是一个元组。

说明：当函数中没有 return 语句时，或者省略了 return 语句的参数时，将返回 None，即返回空值。

场景模拟：某商场年中促销，优惠如下：

满 500 元可享受 9 折优惠。

满 1000 元可享受 8 折优惠。

满 2000 元可享受 7 折优惠。

满 3000 元可享受 6 折优惠。

根据以上商场促销活动，计算优惠后的实付金额。

实例 04：模拟结账功能——计算实付金额

在 Pycharm 中创建一个名称为 checkout.py 的文件，然后在该文件中定义一个名称为 fun_checkout 的函数，该函数包括一个列表类型的参数，用于保存输入的金额，在该函数中计算合计金额和相应的折扣，并将计算结果返回，最后在函数体外通过循环输入多个金额保存到列表中，并且将该列表作为 fun_checkout()函数的参数调用，代码如下：

扫码观看实例讲解

```
def fun_checkout(money):
    """
    功能:计算商品合计金额并进行折扣处理
    money:保存商品金额的列表
    返回商品的合计金额和折扣后的金额
    :param money:
    :return:
    """
    money_old = sum(money)
    money_new = money_old
    if 500 <= money_old < 1000:
        money_new = '{:.2f}'.format(money_old * 0.9)
    elif 1000 <= money_old <= 2000:
        money_new = '{:.2f}'.format(money_old * 0.8)
    elif 2000 <= money_old <= 3000:
        money_new = '{:.2f}'.format(money_old * 0.7)
    elif money_old >= 3000:
        money_new = '{:.2f}'.format(money_old * 0.6)
    return money_old, money_new  # 返回总金额和折扣后的金额


# 调用函数
print("\n 开始结算......\n")
list_money = []
while True:
    # 请不要输入非法的金额,否则将抛出异常
    inmoney = float(input("输入商品金额(输入 0 表示输入完毕):"))
    if int(inmoney) == 0:
        break
    else:
        list_money.append(inmoney)
money = fun_checkout(list_money)
print("合计金额:", money[0], "应付金额:", money[1])
```

运行结果如图 5.9 所示。

```
开始结算......

输入商品金额(输入0表示输入完毕):178
输入商品金额(输入0表示输入完毕):98
输入商品金额(输入0表示输入完毕):157
输入商品金额(输入0表示输入完毕):100
输入商品金额(输入0表示输入完毕):23
输入商品金额(输入0表示输入完毕):0
合计金额: 556.0 应付金额: 500.40

Process finished with exit code 0
```

图 5.9　模拟顾客结账功能

5.4　变量的作用域

变量的作用域是指程序代码能够访问该变量的区域，如果超出该区域，再访问时就会出现错误。在程序中，一般会根据变量的“有效范围”将变量分为“全局变量”和“局部变量”。

1. 局部变量

局部变量是指在函数内部定义并使用的变量，它只在函数内部有效。即函数内部的名字只在函数运行时才会创建，在函数运行之前或者运行完毕之后，所有的名字就都不存在了。所以，如果在函数外部使用函数内部定义的变量，就会抛出 NameError 异常。

2. 全局变量

与局部变量对应，全局变量为能够作用于函数内外的变量。全局变量主要有以下两种情况。

(1)　如果一个变量，在函数外定义，那么不仅在函数外可以访问到，在函数内也可以访问到。在函数体以外定义的变量是全局变量。

(2)　在函数体内定义，并且使用 global 关键字修饰后，该变量也就变为全局变量。在函数体外也可以访问到该变量，并且在函数体内还可以对其进行修改。

在函数内部定义的变量即使与全局变量重名，也不影响全局变量的值。那么想要在函数体内部改变全局变量的值，需要在定义局部变量时，使用 global 关键字修饰。

注意： 尽管 Python 允许全局变量和局部变量重名，但是在实际开发时，不建议这么做，因为这样容易让代码混乱，很难分清哪些是全局变量，哪些是局部变量。

5.5　匿 名 函 数

匿名函数是指没有名字的函数，应用在需要一个函数，但是又不想费神去命名这个函数的场合。

通常情况下，这样的函数只使用一次。在 Python 中，使用 lambda 表达式创建匿名函数，其语法格式如下：

```
result = lambda [arg1 [,arg2,...,argn]] : expression
```

参数说明：

- result：用于调用 lambda 表达式。
- [argl[.arg2,⋯,argn]]：可选参数，用于指定要传递的参数列表，多个参数间使用逗号“,”分隔。
- expression：必选参数，用于指定一个实现具体功能的表达式。如果有参数，那么在该表达式中将应用这些参数。

注意： 使用 lambda 表达式时，参数可以有多个，用逗号“,”分隔，但是表达式只能有一个，即只能返回一个值。而且也不能出现其他非表达式语句(如 for 或 while)。

例如，要定义一个计算圆面积的函数，常规的代码如下：

```
import math
def circlearea(r):
  result = math.pi*r*r
  return result

r = 10
print("半径为",r,"的圆面积为：",circlearea(r))
```

使用 lambda 表达式的代码如下：

```
import math
r = 10
result = lambda r: math.pi*r*r
print("半径为",r,"的圆面积为：",circlearea(r))
```

从上面的示例中可以看出，虽然使用 lambda 表达式比使用自定义函数的代码减少了一些，但是在使用 lambda 表达式时，需要定义一个变量，用于调用该 lambda 表达式。

这看似有点画蛇添足。那么 lambda 表达式具体应该怎么应用？实际上，lambda 的首要用途是指定短小的回调函数。下面通过一个具体的实例进行演示。

场景模拟：假设采用爬虫技术获取某商城的秒杀商品信息，并保存在列表中，现需要对这些信息进行排序，排序规则是优先按秒杀金额升序排列，有重复的，再按折扣比例降序排列。

实例 05：应用 lambda 实现对爬取到的秒杀商品信息进行排序

在 Pycharm 中创建一个名称为 seckillsort.py 的文件，然后在该文件中定义一个保存商品信息的列表，并输出，接下来再使用列表对象的 sort()方法对列表进行排序，并且在调用 sort()方法时，通过 lambda 表达式指定排序规则，最后输出排序后的列表，代码如下：

扫码观看实例讲解

```
bookinfo = [('不一样的卡梅拉(全套)', 22.50, 120), ('零基础学 Android',
65.10, 89.80), ('摆渡人', 23.40, 36.00), ('福尔摩斯探案全集 8 册',
22.50, 128)]
print("爬取到商品信息：\n", bookinfo, "\n")
bookinfo.sort(key=lambda x: (x[1], x[1] / x[2]))
print("排序后到商品信息：\n", bookinfo)
```

在上面的代码中，元组的第一个元素代表商品名称，第二个元素代表秒杀价格，第三个元素代表原价。

运行结果如图 5.10 所示。

```
爬取到到商品信息：
 [('不一样的卡梅拉(全套)', 22.5, 120), ('零基础学Android', 65.1, 89.8), ('摆渡人', 23.4, 36.0), ('福尔摩斯探案全集8册', 22.5, 128)]

排序后到商品信息：
 [('福尔摩斯探案全集8册', 22.5, 128), ('不一样的卡梅拉(全套)', 22.5, 120), ('摆渡人', 23.4, 36.0), ('零基础学Android', 65.1, 89.8)]

Process finished with exit code 0
```

图 5.10 对爬取到的秒杀商品信息进行排序

5.6 本章小结

本章中首先介绍了自定义函数的相关技术，其中包括如何创建并调用一个函数，以及如何进行参数传递和指定函数的返回值等。在这些技术中，应该重点掌握如何通过不同的方式为函数传递参数，以及什么是形式参数和实际参数，并注意区分。然后又介绍了变量的作用域和匿名函数。其中，变量的作用域应重点掌握，以防止因命名混乱而导致 Bug 的产生。对于匿名函数简单了解即可。

第 6 章
字符串及正则表达式基础

字符串是所有编程语言在项目开发过程中涉及最多的一个内容。大部分项目的运行结果，都需要以文本的形式展示给客户，比如财务系统的总账报表，电子游戏的比赛结果，火车站的列车时刻表等。这些都是经过程序精密计算、判断和梳理的，将我们想要的内容用文本形式直观地展示出来。曾经有一位“久经沙场”的老程序员说过一句话：“开发一个项目，基本上就是在不断地处理字符串。”

前面章节已经对什么是字符串、定义字符串的方法及字符串中的转义字符进行了简要介绍。本章将重点介绍操作字符串的方法和正则表达式的应用。

6.1 字符串常用操作

在 Python 开发过程中，为了实现某项功能，经常需要对某些字符串进行特殊处理，如拼接字符串、截取字符串、格式化字符串等。下面将对 Python 中常用的字符串操作方法进行介绍。

6.1.1 拼接字符串

使用+运算符可完成对多个字符串的拼接，+运算符可以连接多个字符串并产生一个字符串对象。

例如，定义两个字符串，一个保存英文版的名言，另一个用于保存中文版的名言，然后使用+运算符连接，代码如下：

```
mot_en ='Happy Birthday.'
mot_cn = '生日快乐。'
print(mot_en + ' - ' + mot_cn)
```

上面代码执行后，将显示以下内容：

```
Happy Birthday. - 生日快乐。
```

字符串不允许直接与其他类型的数据拼接，例如，使用下面的代码将字符串与数值拼接在一起，将产生如图 6.1 所示的异常。

```
str1 = '我今天一共走了'  # 定义字符串
num = 12098  # 定义一个整数
str2 = "步"  # 定义字符串
print(str1 + num + str2)
```

```
Traceback (most recent call last):
  File "/Users/burette/PythonCode/chap6/6.1.py", line 20, in <module>
    print(str1 + num + str2)
TypeError: Can't convert 'int' object to str implicitly

Process finished with exit code 1
```

图 6.1 字符串和整数拼接时抛出的异常

解决该问题，可以将整数转换为字符串，然后以拼接字符串的方法输出该内容。将整数转换为字符串，可以使用 str()函数，修改后的代码如下：

```
str1 = '我今天一共走了'  # 定义字符串
num = 12098  # 定义一个整数
str2 = "步"  # 定义字符串
print(str1 + str(num) + str2)
```

上面代码执行后，将显示以下内容：

```
我今天一共走了 12098 步
```

场景模拟：一天，两名程序员坐在一起聊天，于是产生了下面的对话：程序员甲认为程序开发枯燥而辛苦，想换行，询问程序员乙该怎么办。而程序员乙让其敲一下回车键。试着用程序输出这一对话。

实例 01：使用字符串拼接输出一个关于程序员的对话

在 Pycharm 中创建一个名称为 programmer_splice.py 的文件，然后在该文件中定义两个字符串变量，分别记录两名程序员说的话，再将两个字符串拼接到一起，并且在中间拼接一个转义字符串(换行符)，最后输出，代码如下：

```
programmer_1 = '程序员甲：搞 IT 太辛苦了,我想换行......怎么办?'
programmer_2 = '程序员乙：按一下回车键'
print(programmer_1 + '\n' + programmer_2)
```

扫码观看实例讲解

运行结果如图 6.2 所示。

```
程序员甲：搞IT太辛苦了,我想换行......怎么办?
程序员乙：按一下回车键

Process finished with exit code 0
```

图 6.2　输出一个关于程序员的对话

6.1.2　计算字符串长度

由于不同的字符所占字节数不同，所以要计算字符串的长度，需要先了解各字符所占的字节数。在 Python 中，数字、英文、小数点、下划线和空格占一个字节；一个汉字可能会占 2～4 个字节，占几个字节取决于采用的编码。汉字在 GBK/GB2312 编码中占 2 个字节，在 UTF-8/Unicode 编码中一般占用 3 个字节(或 4 个字节)。

在 Python 中，提供了 len()函数计算字符串的长度，语法格式如下：

```
len(string)
```

其中，string 用于指定要进行长度统计的字符串。例如，定义一个字符串，内容为“人生苦短，我用 Python!”，然后应用 len()函数计算该字符串的长度，代码如下：

```
str1 = "人生苦短,我用 Python!"
length = len(str1)
print(length)
```

上面的代码在执行后，将输出结果 14。

从上面的结果中可以看出，在默认的情况下，通过 len()函数计算字符串的长度时，不区分英文、数字和汉字，所有字符都按一个字符计算。

在实际开发时，有时需要获取字符串实际所占的字节数，即如果采用 UTF-8 编码，汉字占 3 个字节，采用 GBK 或者 GB2312 时，汉字占 2 个字节。这时，可以通过使用 encode()方法(参见 6.2.1 小节)进行编码后再进行获取。例如，如果要获取采用 UTF-8 编码的字符串的长度，可以使用下面的代码：

```
str1 = "人生苦短,我用 Python!"
length = len(str1.encode())
print(length)
```

上面的代码在执行后，将显示“28”。这是因为汉字加中文标点符号共 7 个，占 21 个字节，英文字母和英文的标点符号占 7 个字节，共 28 个字节。如果要获取采用 GBK 编码的字符串的长度，可以使用下面的代码：

```
str1 = "人生苦短,我用 Python!"
length = len(str1.encode('gbk'))
print(length)
```

上面的代码在执行后，将显示“21”。这是因为汉字加中文标点符号共 7 个，占 14 个字节，英文字母和英文标点符号占 7 个字节，共 21 个字节。

6.1.3 截取字符串

由于字符串也属于序列，所以要截取字符串，可以采用切片方法实现。通过切片方法截取字符串的语法格式如下：

```
string[start:end:step]
```

参数说明：

- string：表示要截取的字符串。
- start：表示要截取的第一个字符的索引(包括该字符)，如果不指定，则默认为 0。
- end：表示要截取的最后一个字符的索引(不包括该字符)，如果不指定则默认为字符串的长度。
- step：表示切片的步长，如果省略，则默认为 1，当省略该步长时，最后一个冒号也可以省略。

说明：字符串的索引同序列的索引是一样的，也是从 0 开始，并且每个字符占一个位置。

注意：在进行字符串截取时，如果指定的索引不存在，则会抛出 IndexError: string index out of range 的异常。

场景模拟：一天，两名程序员又坐在一起聊天。程序员甲按一下回车键，真的换行成功了。为此，对程序员乙很崇拜，于是想考考他。

实例 02：截取身份证号码中的出生日期

在 Pycharm 中创建一个名称为 idcard.py 的文件，然后在该文件中定义 3 个字符串变量，分别记录两名程序说的话，再从程序员甲说的身份证号中截取出出生日期，并组合成“YYYY 年 MM 月 DD 日”格式的字符串将两个字符串拼接到一起，并且在中间拼接一个转义字符串(换行符)，最后输出，输出截取到的出生日期和生日的代码如下：

扫码观看实例讲解

```
programer_1 = '你知道我的生日吗？'  # 程序员甲问程序员乙的台词
print('程序员甲说：', programer_1)  # 输出程序员甲的台词
programer_2 = '输入你的身份证号码。'  # 程序员乙的台词
print('程序员乙说：', programer_2)  # 输出程序员乙的台词

idcard = '123456199006277890'  # 定义保存身份证号码的字符串
print('程序员甲说:', idcard)  # 程序员甲说出身份证号码
birthday = idcard[6:10] + '年' + idcard[10:12] + '月' + idcard[12:14] +
'日'  # 截取生日
print('程序员乙说:', '你是' + birthday + '出生的,所以你的生日是' +
birthday[5:])
```

运行结果如图 6.3 所示。

```
程序员甲说：  你知道我的生日吗？
程序员乙说：  输入你的身份证号码。
程序员甲说: 123456199006277890
程序员乙说: 你是1990年06月27日出生的,所以你的生日是06月27日

Process finished with exit code 0
```

图 6.3　截取身份证号码中的出生日期

6.1.4　分割、合并字符串

在 Python 中，字符串对象提供了分割和合并字符串的方法。分割字符串是把字符串分割为列表，而合并字符串是把列表合并为字符串，分割字符串和合并字符串可以看作是互逆操作。

1. 分割字符串

字符串对象的 split()方法可以实现字符串分割，也就是把一个字符串按照指定的分隔符切分为字符串列表。该列表的元素中，不包括分隔符。split()方法的语法格式如下：

```
str.split(sep,maxsplit)
```

参数说明：

- str：表示要进行分割的字符串。
- sep：用于指定分隔符，可以包含多个字符，默认为 None，即所有空字符(包括空格、换行符\n、制表符\t 等)。
- maxsplit：可选参数，用于指定分割的次数，如果不指定或者为-1，则分割次数没有限制，否则返回结果列表的元素个数，个数最多为 maxsplit+1。

返回值：分隔后的字符串列表。

说明：在 split()方法中，如果不指定 sep 参数，那么也不能指定 maxsplit 参数。

说明：在使用 split()方法时，如果不指定参数，默认采用空白符进行分割，这时无论有几个空格或者空白符，都将作为一个分隔符进行分割。如果指定一个分隔符，那么当这个分隔符出现多个时，就会每个分隔一次，没有得到内容的，将产生一个空元素。

2. 合并字符串

合并字符串与拼接字符串不同，它会将多个字符串采用固定的分隔符连接在一起。例如，字符串“绮梦*冷伊一*香凝*黛兰”，就可以看作是通过“分隔符*列表”合并为一个字符串的结果。

合并字符串可以使用字符串对象的join()方法实现，语法格式如下：

```
strnew=string.join(iterable)
```

参数说明：

- strnew：表示合并后生成的新字符串。
- string：字符串类型，用于指定合并时的分隔符。
- iterable：可迭代对象，该迭代对象中的所有元素(字符串表示)将被合并为一个新的字符串。string 作为边界点分割出来。

场景模拟：微博的@好友栏目中，输入“@百度科技@李彦宏@马云@马化腾”，即可同时@三个好友。现在想要@好友列表中的全部好友，所以需要组合一个类似的字符串。

实例 03：通过好友列表生成全部被@的好友

在 Pycharm 中创建一个名称为 atfriend-join.py 的文件，然后在该文件中定义一个列表，保存一些好友名称，然后使用 join()方法将列表中每个元素用@符号进行连接，再在连接后的字符串前添加一个@符号，最后输出，代码如下：

```
list_friend = ["百度科技", "李彦宏", "马云", "马化腾"]
# 好友列表
str_friend = '@'.join(list_friend)  # 用空格+@符号进行连接
at = '@' + str_friend  #由于使用 join()方法时,第一个元素前不加分
隔符,所以需要在前面加上@符号
print('您要@的好友:', at)
```

扫码观看实例讲解

运行结果如图 6.4 所示。

```
您要@的好友：@百度科技@李彦宏@马云@马化腾

Process finished with exit code 0
```

图 6.4　输入想要@的好友

6.1.5　检索字符串

在 Python 中，字符串对象提供了很多应用于字符串查找的方法，这里主要介绍以下几种方法。

1. count()方法

count()方法用于检索指定字符串在另一个字符串中出现的次数。如果检索的字符串不存在，则返回 0，否则返回出现的次数。其语法格式如下：

```
str.count(sub[,start[,end]])
```

参数说明：

- str：表示原字符串。
- sub：表示要检索的子字符串。
- start：可选参数，表示检索范围的起始位置的索引，如果不指定，则从头开始检索。
- end：可选参数，表示检索范围的结束位置的索引，如果不指定，则一直检索到结尾。

2. find()方法

该方法用于检索是否包含指定的子字符串。如果检索的字符串不存在，则返回-1，否则返回首次出现该子字符串时的索引。其语法格式如下：

```
str.find(sub[,start[,end]])
```

参数说明：

- str：表示原字符串。
- sub：表示要检索的子字符串。
- start：可选参数，表示检索范围的起始位置的索引，如果不指定，则从头开始检索。
- end：可选参数，表示检索范围的结束位置的索引，如果不指定，则一直检索到结尾。

3. index()方法

index()方法同 find()方法类似，也是用于检索是否包含指定的子字符串。只不过如果使用 index(0)方法，当指定的字符串不存在时会抛出异常。其语法格式如下：

```
str.index(sub[,start[,end]])
```

参数说明：

- str：表示原字符串。
- sub：表示要检索的子字符串。
- start：可选参数，表示检索范围的起始位置的索引，如果不指定，则从头开始检索。
- end：可选参数，表示检索范围的结束位置的索引，如果不指定，则一直检索到结尾。

4. startswith()

startswith()方法用于检索字符串是否以指定子字符串开头。如果是则返回 True，否则返回 False。该方法的语法格式如下：

```
str.startswith(prefix[,start[,end]])
```

参数说明：

- str：表示原字符串。

- prefix：表示要检索的子字符串。
- start：可选参数，表示检索范围的起始位置的索引，如果不指定，则从头开始检索。
- end：可选参数，表示检索范围的结束位置的索引，如果不指定，则一直检索到结尾。

6.1.6 字符串大小写替换

在 Python 中，字符串对象提供了 lower()方法和 upper()方法进行字母的大小写转换，即可用于将大写字母转换为小写字母或者将小写字母转换为大写字母。

1. lower()方法

lower()方法用于将字符串中的大写字母转换为小写字母。如果字符串中没有需要被转换的字符，则将原字符串返回；否则将返回一个新的字符串，将原字符串中每个需要进行小写转换的字符都转换成等价的小写字符。字符串长度与原字符串长度相同。lower()方法的语法格式如下：

```
str.lower()
```

其中，str 为要进行转换的字符串。

例如，使用 lower()方法后，下面定义的字符串将全部显示为小写字母：

```
str1='WWW.Baidu.com
print('原字符串：'str1)
print('新字符串：'str1.lower())   #全部转换为小写字母输出
```

2. upper()方法

upper()方法用于将字符串中的小写字母转换为大写字母。如果字符串中没有需要被转换的字符，则将原字符串返回；否则返回一个新字符串，将原字符串中每个需要进行大写转换的字符都转换成等价的大写字符。新字符串长度与原字符串长度相同。upper()方法的语法格式如下：

```
str.upper()
```

其中，str 为要进行转换的字符串。例如，使用 upper()方法后，下面定义的字符串将全部显示为大写字母：

```
str1='WWW.Baidu.com
print('原字符串：'str1)
print('新字符串：'str1.upper())   #全部转换为大写字母输出
```


6.1.7 去除字符串中的空格和特殊字符

用户在输入数据时，可能会无意中输入多余的空格，或在一些情况下，字符串前后不允许出现空格和特殊字符，此时就需要去除字符串中的空格和特殊字符。可以使用 Python

中提供的 strip()方法去除字符串左右两边的空格和特殊字符，也可以使用 lstrip()方法去除字符串左边的空格和特殊字符，使用 rstrip()方法去除字符串中右边的空格和特殊字符。

1. strip()方法

strip()方法用于去掉字符串左、右两侧的空格和特殊字符，语法格式如下：

```
str.strip([chars])
```

参数说明：

- str：为要去除空格的字符串。
- chars：为可选参数，用于指定要去除的字符，可以指定多个。如果设置 chars 为@.，则去除左、右两侧包括的@或.。如果不指定 chars 参数，默认将去除空格、制表符\t、回车符\r、换行符\n 等。

2. lstrip()方法

lstrip()方法用于去掉字符串左侧的空格和特殊字符，语法格式如下：

```
str.lstrip([chars])
```

参数说明：

- str：为要去除空格的字符串。
- chars：为可选参数，用于指定要去除的字符，可以指定多个。如果设置 chars 为@.，则去除左侧包括的@或.。如果不指定 chars 参数，默认将去除空格、制表符\t、回车符\r、换行符\n 等。

3. rstrip()方法

rstrip()方法用于去掉字符串右侧的空格和特殊字符，语法格式如下：

```
str.rstrip([chars])
```

参数说明：

- str：为要去除空格的字符串。
- chars：为可选参数，用于指定要去除的字符，可以指定多个。如果设置 chars 为@.，则去除右侧包括的@或.。如果不指定 chars 参数，默认将去除空格、制表符\t、回车符\r、换行符\n 等。

6.2　字符串编码转换

最早的字符串编码是美国标准信息交换码，即 ASCII 码。它仅对 10 个数字、26 个大写英文字母、26 个小写英文字母及一些其他符号进行了编码。ASCII 码最多只能表示 256 个符号，每个字符占一个字节。随着信息技术的发展，各国的文字都需要进行编码，于是出现了 GBK、GB2312、UTF-8 编码等。其中 GBK 和 GB2312 是我国制定的中文编码标准，使用一个字节表示英文字母，2 个字节表示中文字符。而 UTF-8 是国际通用的编码，对全世界所有国家需要用到的字符都进行了编码。UTF-8 采用一个字节表示英文字符、3

个字节表示中文。在 Python 3.x 中，默认采用的编码格式为 UTF-8，采用这种编码有效地解决了中文乱码的问题。

在 Python 中，有两种常用的字符串类型，分别为 str 和 bytes。其中，str 表示 Unicode 字符(ASCII 或者其他)；bytes 表示二进制数据(包括编码的文本)。这两种类型的字符串不能拼接在一起使用。通常情况下，str 在内存中以 Unicode 表示，一个字符对应若干个字节。但是如果在网络上传输，或者保存到磁盘上，就需要把 str 转换为字节类型，即 bytes 类型。

说明： bytes 类型的数据是带有 b 前缀的字符串(用单引号或双引号表示)，例如，b'xd2xb0'和 b'mr'都是 bytes 类型的数据。

str 类型和 bytes 类型之间可以通过 encode()和 decode()方法进行转换，这两个方法是互逆的过程。

1. encode()方法对字符串编码

encode()方法为 str 对象的方法，用于将字符串转换为二进制数据(即 bytes)，也称为“编码”，其语法格式如下：

```
str.encode([encoding="utf-8"][,errors="strict"])
```

参数说明：

- str：表示要进行转换的字符串。
- encoding="utf-8"：可选参数，用于指定进行转码时采用的字符编码，默认为 UTF-8，如果想使用简体中文，也可以设置为 gb2312。当只有这一个参数时，也可以省略前面的 encoding=，直接写编码。
- errors="strict"：可选参数，用于指定错误处理方式，其可选择值可以是 strict(遇到非法字符就抛出异常)、ignore(忽略非法字符)、replace(用？替换非法字符)或 xmlcharrefreplace(使用 XML 的字符引用)等，默认值为 strict。

说明： 在使用 encode()方法时，不会修改原字符串，如果需要修改原字符串，需要对其进行重新赋值。

例如，定义一个名称为 verse 的字符串，内容为“野渡无人舟自横”，然后使用 encode()方法将其采用 GBK 编码转换为二进制数，并输出原字符串和转换后的内容，代码如下：

```
verse = "野渡无人舟自横"
byte = verse.encode('GBK')
print("原字符串：", verse)
print("转换后：", byte)
```

上面的代码执行后，将显示以下内容：

```
原字符串： 野渡无人舟自横
转换后： b'\xd2\xb0\xb6\xc9\xce\xde\xc8\xcb\xd6\xdb\xd7\xd4\xba\xe1'
```

2. decode()方法对字符串解码

decode()方法为 bytes 对象的方法用于将二进制数据转换为字符串，即将使用 encode

方法转换的结果再转换为字符串，也称为“解码”。语法格式如下：

```
bytes.decode([encoding="utf-8"][,errors="strict"])
```

参数说明：

- bytes：表示要进行转换的二进制数据，通常是 encode()方法转换的结果。
- encoding="utf-8"：可选参数，用于指定进行解码时采用的字符编码，默认为 UTF-8，如果想使用简体中文，也可以设置为 gb2312。当只有这一个参数时，也可以省略前面的 encoding=，直接写编码。

注意： *在设置解码采用的字符编码时，需要与编码时采用的字符编码一致。*

- errors="strict"：可选参数，用于指定错误处理方式，其可选择值可以是 strict(遇到非法字符就抛出异常)、ignore(忽略非法字符)、replace(用？替换非法字符)或 xmlcharrefreplace(使用 XML 的字符引用)等，默认值为 strict。

说明： *在使用 decode()方法时，不会修改原字符串，如果需要修改原字符串，需要对其进行重新赋值。*

6.3　正则表达式基础

在处理字符串时，经常会有查找符合某些复杂规则的字符串的需求。正则表达式就是用于描述这些规则的工具。换句话说，正则表达式就是记录文本规则的代码。对于接触过 DOS 的用户来说，如果想匹配当前文件夹下所有的文本文件，可以输入“dir *.txt”命令，按 Enter 键后，所有“.txt”文件将会被列出来。这里的“*txt”即可理解为一个简单的正则表达式。

6.3.1　行定位符

行定位符就是用来描述字符串边界的字符，^表示行的开始，$表示行的结尾。如：

```
^tm
```

该表达式表示要匹配字符串 tm 的开始位置是行头，如 tm equal Tomorrow Moon 可以匹配，而 Tomorrow Moon equal tm 则不匹配。但如果使用：

```
tm$
```

后者可以匹配而前者不能匹配。如果要匹配的字符串可以出现在字符串的任意部分，那么可以直接写成下面的格式，这样两个字符串就都可以匹配了：

```
tm
```

6.3.2　元字符

除了前面介绍的元字符^和$外，正则表达式里还有更多的元字符，例如下面的正则表达式中，就应用了元字符\b 和\w。

```
\bmr\w*\b
```

上面的正则表达式用于匹配以字母 mr 开头的单词，先从某个单词开始处(\b)，然后匹配字母 mr，接着是任意数量的字母或数字(w*)，最后单词结束处(\b)。该表达式可以匹配 mrsoft、\nmr 和 mr123456 等，但不能与 amr 匹配。

6.3.3 限定符

在上面例子中，使用(\w*)匹配任意数量的字母或数字。如果想匹配特定数量的数字，该如何表示呢？正则表达式为我们提供了限定符(指定数量的字符)来实现该功能。如匹配 8 位 QQ 号可用如下表达式：

```
^\d{8}$
```

6.3.4 字符类

正则表达式查找数字和字母是很简单的，因为已经有了对应这些字符集合的元字符(如\d、\w)，但是如果要匹配没有预定义元字符的字符集合(比如元音字母 a，e，i，o，u)，应该怎么办？很简单，只需要在方括号里列出它们就行了，像[aeiou]可以匹配任何一个英文元音字母，[.?!]匹配标点符号(.、?或!)。也可以轻松地指定一个字符范围，像[0-9]代表的含义与\d 就是完全一致的：一位数字；同理，[a-z0-9A-Z_]完全等同于\w(如果只考虑英文的话)。

说明： 要想匹配给定字符串中任意一个汉字，可以使用[\u4e00-\u9fa5]；如果要匹配连续多个汉字，可以使用[\u4e00-\u9fa5]+。

6.3.5 排除字符

在字符类列出的是匹配符合指定字符集合的字符串。现在反过来，匹配不符合指定字符集合的字符串。正则表达式提供了 ^字符。这个元字符在行定位符中出现过，表示行的开始。而这里将会放到方括号中，表示排除的意思。例如：

```
[^a-ZA-Z]
```

该表达式用于匹配一个不是字母的字符。

6.3.6 选择字符

试想一下，如何匹配身份证号码？首先需要了解一下身份证号码的规则。身份证号码长度为 15 位或者 18 位。如果为 15 位时，则全为数字；如果为 18 位时，前 17 位为数字，最后一位是校验位，可能为数字或字符 X。

在上面的描述中，包含着条件选择的逻辑，这就需要使用选择字符(|)来实现。该字符可以理解为“或”，匹配身份证的表达式可以写成如下方式：

```
(^\d{15}$)|(^\d{18}$)|(^\d{17})(\d|X|x)$
```

该表达式的意思是匹配 15 位数字，或者 18 位数字，或者 17 位数字和最后一位。最后一位可以是数字，也可以是 X 或者 x。

6.3.7 转义字符

正则表达式中的转义字符(\)和 Python 中的大同小异，都是将特殊字符(如.、?、\等)变为普通的字符。举一个 IP 地址的实例，用正则表达式匹配诸如 127.0.0.1 格式的 IP 地址。如果直接使用点字符，格式为：

```
[1-9]{1,3}.[0-9]{1,3}.[0-9]{1,3}.[0-9]{1,3}
```

这显然不对，因为 . 可以匹配一个任意字符。这时，不仅是 127.0.0.1 这样的 IP，连 127101011 这样的字符串也会被匹配出来。所以在使用 . 时，需要使用转义字符(\)。修改后上面的正则表达式格式为：

```
[1-9]{1,3}\.[0-9]{1,3}\.[0-9]{1,3}\.[0-9]{1,3}
```

说明： 括号在正则表达式中也算是一个元字符。

6.3.8 分组

通过 6.3.6 小节中的例子，相信读者已经对小括号的作用有了一定的了解。小括号字符的第一个作用就是可以改变限定符的作用范围，如 |、*、^等。例如下面的表达式中包含小括号：

```
(six|four)th
```

这个表达式的意思是匹配单词 sixth 或 fourth，如果不使用小括号，那么就变成了匹配单词 six 和 fourth 了。

小括号的第二个作用是分组，也就是子表达式。如(\.[0-9]{1,3}){3}，就是对分组(\.[0-9]{1,3})进行重复操作。

6.3.9 正则表达式语法

在 Python 中使用正则表达式时，是将其作为模式字符串使用的。例如，将匹配字符串中不是字母的正则表达式表示为模式字符串，可以使用下面的代码：

```
'[^a-zA-Z]'
```

而如果将匹配以字母 m 开头的单词的正则表达式转换为模式字符串，则不能直接在其两侧添加引号定界符，例如，下面的代码是不正确的：

```
'\bm\w*\b'
```

而是需要将其中的\进行转义，转换后的结果为：

```
'\\bm\\w*\\b'
```

由于模式字符串中可能包括大量的特殊字符和反斜杠，所以需要写为原生字符串，即在模式字符串前加 r 或 R。例如，上面的模式字符串采用原生字符串表示为：

```
r'\bm\w*\b'
```

说明：在编写模式字符串时，并不是所有的反斜杠都需要进行转换，例如，正则表达式^\d{8}$中的反斜杠就不需要转义，因为其中的 \d 并没有特殊意义。不过，为了编写方便，本书中的正则表达式都采用原生字符串表示。

6.4 re 模块

Python 提供了 re 模块，用于实现正则表达式的操作。在实现时，可以使用 re 模块提供的方法(如 search()、match()、findall()等)进行字符串处理，也可以先使用 re 模块的 compile()方法将模式字符串转换为正则表达式对象，然后再使用该正则表达式对象的相关方法来操作字符串。

re 模块在使用时，需要先应用 import 语句引入，具体代码如下：

```
import re
```

6.4.1 匹配字符串

匹配字符串可以使用 re 模块提供的 match()、search()和 findall()等方法。

1. 使用 match()方法进行匹配

match()方法用于从字符串的开始处进行匹配，如果在起始位置匹配成功，则返回 Match 对象，否则返回 None。其语法格式如下：

```
re.match(pattern,string,[flags])
```

参数说明：

- pattern：表示模式字符串，由要匹配的正则表达式转换而来。
- string：表示要匹配的字符串。
- flags：可选参数，表示标志位，用于控制匹配方式，如是否区分字母大小写。常用的标志如表 6.1 所示。

表 6.1 常用标志

标 志	说 明
A 或 ASCII	对于\w、\W、\b、\B、\d、\D、\s 和\S 只进行 ASCII 匹配(仅适用于 Python 3.x)
I 或 IGNORECASE	执行不区分字母大小写的匹配
M 或 MULTILINE	将^和$用于包括整个字符串的开始和结尾的每一行(默认情况下，仅适用于整个字符串的开始和结尾处)

续表

标　志	说　明
S 或 DOTALL	使用(.)字符匹配所有字符，包括换行符
X 或 VERBOSE	忽略模式字符串中未转义的空格和注释

实例 04：验证输入的手机号码是否为中国移动的号码

在 Pycharm 中创建一个名称为 checkmobile.py 的文件，然后在该文件中导入 Python 的 re 模块，再定义一个验证手机号码的模式字符串，最后应用该模式字符串验证两个手机号码，并输出验证结果，代码如下：

扫码观看实例讲解

```
import re

pattern = r'(13[4-9]\d{8})|(15[01289]\d8)'
mobile = '13634222222'
match = re.match(pattern, mobile)  # 进行模式匹配
if match == None:  # 判断是否为 None,为真表示匹配失败
    print(mobile, '不是有效的中国移动手机号码。')
else:
    print(mobile, '是有效的中国移动手机号码。')
mobile = '13144222221'
match = re.match(pattern, mobile)  # 进行模式匹配
if match == None:
    print(mobile, '不是有效的中国移动手机号码。')
else:
    print(mobile, '是有效的中国移动手机号码。')
```

运行实例，结果如下所示：

```
13634222222 是有效的中国移动手机号码。
13144222221 不是有效的中国移动手机号码。
```

2. 使用 search()方法进行匹配

search()方法用于在整个字符串中搜索第一个匹配的值，如果在起始位置匹配成功，则返回 Match 对象，否则返回 None。search()方法的语法格式如下：

```
re.search(pattern, string, [flags])
```

参数说明：

- pattern：表示模式字符串，由要匹配的正则表达式转换而来。
- string：表示要匹配的字符串。
- flags：可选参数，表示标志位，用于控制匹配方式，如是否区分字母大小写。常用的标志见表 6.1。

实例 05：验证是否出现危险字符

在 Pycharm 中创建一个名称为 checktnt.py 的文件，然后在该文件中导入 Python 的 re 模块，再定义一个验证危险字符的模式字符串，最后应用该模式字符串验证两段文字，并输出验证结果，代码如下：

扫码观看实例讲解

```
import re

pattern = r'(黑客)|(抓包)|(监听)|(Trojan)'  # 模式字符串
about = '我是一名程序员,我喜欢看黑客方面的图书,想研究一下 Trojan。'
match = re.search(pattern, about)  # 进行模式匹配
if match == None:  # 判断是否为 None,为真表示匹配失败
    print(about, '安全!')
else:
    print(about, '出现了危险词汇!')

about = '我是一名程序员,我喜欢看计算机网络方面的图书,喜欢开发网站。'
match = re.match(pattern, about)
if match == None:
    print(about, '安全!')
else:
    print(about, '出现了危险词汇!')
```

运行实例，结果如下所示：

```
我是一名程序员,我喜欢看黑客方面的图书,想研究一下 Trojan。 出现了危险词汇!
我是一名程序员,我喜欢看计算机网络方面的图书,喜欢开发网站。 安全
```

3. 使用 findall()方法进行匹配

findall()方法用于在整个字符串中搜索所有符合正则表达式的字符串，并以列表的形式返回。如果匹配成功，则返回包含匹配结构的列表，否则返回空列表。findall()方法的语法格式如下：

```
re.findall(pattern, string, [flags])
```

参数说明：

- pattern：表示模式字符串，由要匹配的正则表达式转换而来。
- string：表示要匹配的字符串。
- flags：可选参数，表示标志位，用于控制匹配方式，如是否区分字母大小写。常用的标志见表 6.1。

6.4.2 替换字符串

sub()方法用于实现字符串替换，语法格式如下：

```
re.sub(pattern,repl,string,count,flags)
```

参数说明：

- pattern：表示模式字符串，由要匹配的正则表达式转换而来。
- repl：表示替换的字符串。
- string：表示要被查找替换的原始字符串。
- count：可选参数，表示模式匹配后替换的最大次数，默认值为 0，表示替换所有的匹配。

- flags：可选参数，表示标志位，用于控制匹配方式，如是否区分字母大小写。常用的标志见表 6.1。

例如，隐藏中奖信息中的手机号码，代码如下：

```
import re

pattern = r'1[34578]\d{9}'  # 定义要替换的模式字符串
string = '中奖号码为：84978981 联系电话为：13611111111'
result = re.sub(pattern, '1XXXXXXXXXX', string)  # 替换字符串
print(result)
```

执行结果如下：

```
中奖号码为：84978981 联系电话为：1XXXXXXXXXX
```

6.4.3　分割字符串

split()方法用于实现根据正则表达式分割字符串，并以列表的形式返回。其作用同字符串对象的 split()方法类似，所不同的就是分割字符由模式字符串指定。split()方法的语法格式如下：

```
re.split(pattern,string,[maxsplit],[flags])
```

参数说明：

- pattern：表示模式字符串，由要匹配的正则表达式转换而来。
- string：表示要匹配的字符串。
- maxsplit：可选参数，表示最大的拆分次数。
- flags：可选参数，表示标志位，用于控制匹配方式，如是否区分字母大小写。常用的标志见表 6.1。

6.5　本 章 小 结

本章首先对常用的字符串操作技术进行了详细的讲解，其中拼接、截取、分割、合并、检索和格式化字符串等都是需要重点掌握的技术；然后介绍了正则表达式的基本语法，以及 Python 中如何应用 re 模块实现正则表达式匹配等技术。相信通过本章的学习，读者能够举一反三，对所学知识灵活运用，从而开发出实用的 Python 程序。

第 7 章 面向对象程序设计

面向对象程序设计是在面向过程程序设计的基础上发展而来的，它比面向过程编程具有更强的灵活性和扩展性。面向对象程序设计也是一个程序员发展的“分水岭”，很多的初学者和略有成就的开发者，就是因为无法理解“面向对象”而放弃。这里想提醒一下初学者：要想在编程这条路上走得比别人远，就一定要掌握面向对象编程技术。

Python 从设计之初就已经是一门面向对象的语言。它可以很方便地创建类和对象。本章将对面向对象程序设计进行详细讲解。

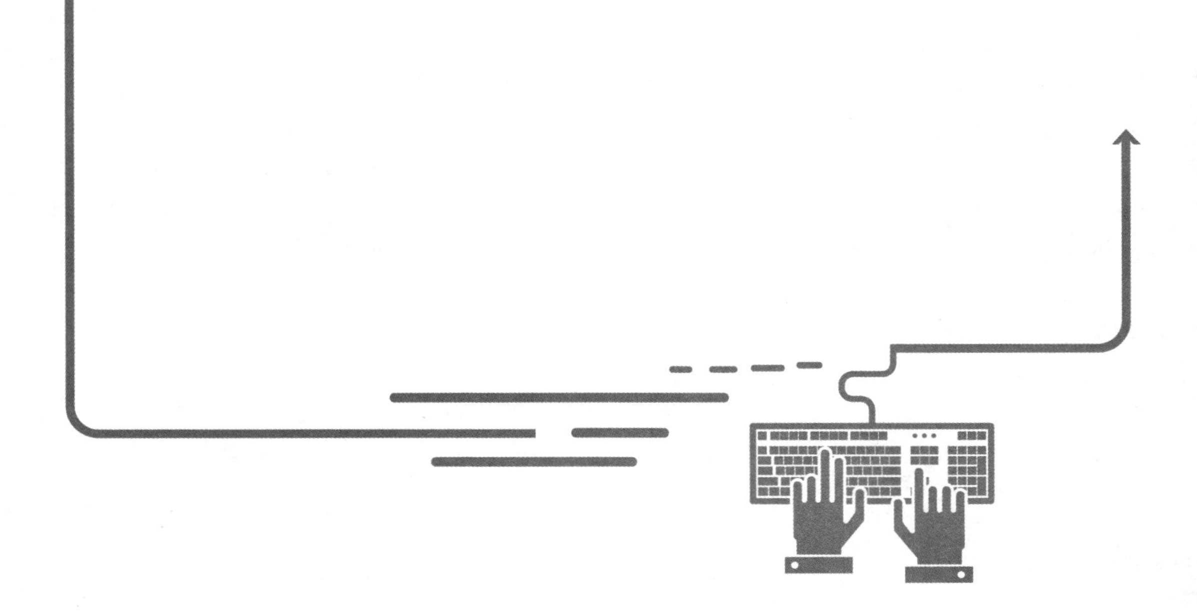

7.1 面向对象概述

面向对象(Object Oriented)的英文缩写是 OO，它是一种设计思想。从 20 世纪 60 年代提出面向对象的概念到现在，它已经发展成为一种比较成熟的编程思想，并且逐步成为目前软件开发领域的主流技术。如我们经常听说的面向对象编程(Object Oriented Programming，OOP)就是主要针对大型软件设计而提出的，它可以使软件设计更加灵活，并且能更好地进行代码复用。

面向对象中的对象(Object)，通常是指客观世界中存在的对象，具有唯一性，对象之间各不相同，各有各的特点，每一个对象都有自己的运动规律和内部状态；对象与对象之间又是可以相互联系、相互作用的。另外，对象也可以是一个抽象的事物，例如，可以从圆形、正方形、三角形等图形抽象出一个简单图形，简单图形就是一个对象，它有自己的属性和行为，图形中边的个数是它的属性，图形的面积也是它的属性，输出图形的面积就是它的行为。概括地讲，面向对象技术是一种从组织结构上模拟客观世界的方法。

7.1.1 对象

对象，是一个抽象概念，英文称作 Object，表示任意存在的事物。世间万物皆对象！现实世界中，随处可见的一种事物就是对象，对象是事物存在的实体。

通常将对象划分为两个部分，即静态部分与动态部分。静态部分被称为“属性”，任何对象都具备自身属性，这些属性不仅是客观存在的，而且是不能被忽视的，如人的性别；动态部分指的是对象的行为，即对象执行的动作，如人可以跑步。

说明：在 Python 中，一切都是对象。即不仅是具体的事物称为对象，字符串、函数等也都是对象。这说明 Python 天生就是面向对象的。

7.1.2 类

类是封装对象的属性和行为的载体，反过来说，具有相同属性和行为的一类实体被称为类。例如，把雁群比作大雁类，那么大雁类就具备了喙、翅膀和爪等属性，觅食、飞行和睡觉等行为，而一只要从北方飞往南方的大雁则被视为大雁类的一个对象。

在 Python 语言中，类是一种抽象概念，如定义一个大雁类(Geese)，在该类中，可以定义每个对象共有的属性和方法；而一只要从北方飞往南方的大雁则是大雁类的一个对象(wildGoose)，对象是类的实例。有关类的具体实现将在 7.2 节进行详细介绍。

7.1.3 面向对象程序设计的特点

面向对象程序设计具有三大基本特征：封装、继承和多态。

1. 封装

封装是面向对象编程的核心思想，将对象的属性和行为封装起来，其载体就是类，类通常会对客户隐藏其实现细节，这就是封装的思想。例如，用户使用计算机，只需要使用手指敲击键盘，就可以实现一些功能，而不需要知道计算机内部是如何工作的。

采用封装思想保证了类内部数据结构的完整性，使用该类的用户不能直接看到类中的数据结构，而只能执行类允许公开的数据，这样就避免了外部对内部数据的影响，提高了程序的可维护性。

2. 继承

矩形、菱形、平行四边形和梯形等都是四边形。因为四边形与它们具有共同的特征：拥有 4 条边。只要将四边形适当地延伸，就会得到矩形、菱形、平行四边形和梯形 4 种图形。以平行四边形为例，如果把平行四边形看作四边形的延伸，那么平行四边形就复用了四边形的属性和行为，同时添加了平行四边形特有的属性和行为，如平行四边形的对边平行且相等。在 Python 中，可以把平行四边形类看作是继承四边形类后产生的类，其中，将类似于平行四边形的类称为子类，将类似于四边形的类称为父类或超类。值得注意的是，在阐述平行四边形和四边形的关系时，可以说平行四边形是特殊的四边形，但不能说四边形是平行四边形。同理，Python 中可以说子类的实例都是父类的实例，但不能说父类的实例是子类的实例。

3. 多态

将父类对象应用于子类的特征就是多态。比如创建一个螺丝类，螺丝类有两个属性：粗细和螺纹密度；然后再创建了两个类，一个是长螺丝类，一个短螺丝类，并且它们都继承了螺丝类。这样长螺丝类和短螺丝类不仅具有相同的特征(粗细相同，且螺纹密度也相同)，还具有不同的特征(一个长，一个短，长的可以用来固定大型支架，短的可以固定生活中的家具)。综上所述，一个螺丝类衍生出不同的子类，子类继承父类特征的同时，也具备了自己的特征，并且能够实现不同的效果，这就是多态化的结构。

7.2　类的定义和调用

在 Python 中，类表示具有相同属性和方法的对象的集合。在使用类时，需要先定义类，然后再创建类的实例，通过类的实例就可以访问类中的属性的方法了。

7.2.1　定义类

在 Python 中，类的定义使用 class 关键字来实现，语法如下：

```
class ClassName:
    "类的帮助信息"      # 类文档字符串
    statement   # 类体
```

参数说明：

- ClassName：用于指定类名，一般使用大写字母开头，如果类名中包括两个单词，第二个单词的首字母也大写，这种命名方法也称为“驼峰式命名法”，这是惯例。当然，也可根据自己的习惯命名，但是一般推荐按照惯例来命名。
- “类的帮助信息”：用于指定类的文档字符串，定义该字符串后，在创建类的对象时，输入类名和左侧的括号“(”后，将显示该信息。
- statement：类体，主要由类变量(或类成员)、方法和属性等定义语句组成。如果在定义类时，没想好类的具体功能，也可以在类体中直接使用 pass 语句代替。

例如，下面以大雁为例声明一个类，代码如下：

```
class Geese:
    '''大雁类'''
    pass
```

7.2.2 创建类的实例

定义完类后，并不会真正创建一个实例。这有点像一个汽车的设计图。设计图可以告诉你汽车看上去怎么样，但设计图本身不是一个汽车。你不能开走它，它只能用来建造真正的汽车，而且可以使用它制造很多汽车。那么如何创建实例呢？

class 语句本身并不创建该类的任何实例。所以在类定义完成以后，可以创建类的实例，即实例化该类的对象。创建类的实例的语法如下：

```
ClassName(parameterlist)
```

其中，ClassName 是必选参数，用于指定具体的类：parameterlist 是可选参数，当创建一个类时，没有创建__init__()方法(该方法将在 7.2.3 小节进行详细介绍)，或者__init__()方法只有一个 self 参数时，parameterlist 可以省略。

例如，创建 7.2.1 小节定义的 Geese 类的实例，可以使用下面的代码：

```
wildGoose = Geese()    # 创建大雁类的实例
print(wildGoose)
```

执行上面代码后，输出类似下面的内容：

```
<__main__.Geese object at 0x10205d2b0>

Process finished with exit code 0
```

从上面的执行结果中可以看出，wildGoose 是 Geese 类的实例。

7.2.3 创建__init__()方法

在创建类后，可以手动创建一个__init__()方法。该方法是一个特殊的方法，类似 Java 语言中的构造方法。每当创建一个类的新实例时，Python 都会自动执行它。__init__()方法

必须包含一个 self 参数，并且必须是第一个参数。self 参数是一个指向实例本身的引用，用于访问类中的属性和方法。在方法调用时会自动传递实际参数 self，因此当__init__()方法只有一个参数时，在创建类的实例时，就不需要指定实际参数了。

说明：在__init__()方法的名称中，开头和结尾处是两个下划线(中间没有空格)，这是一种约定，旨在区分 Python 默认方法和普通方法。

例如，下面仍然以大雁为例声明一个类，并且创建 __init__()方法，代码如下：

```
class Geese:
    """大雁类"""
    def __init__(self):  # 构造方法
        print("我是大雁类！")
wildGoose = Geese()  # 创建大雁类的实例
```

运行上面的代码，将输出以下内容：

```
我是大雁类！

Process finished with exit code 0
```

从上面的运行结果可以看出，在创建大雁类的实例时，虽然没有为__init__ ()方法指定参数，但是该方法会自动执行。

7.2.4 创建类的成员并访问

类的成员主要由实例方法和数据成员组成。在类中创建了类的成员后，可以通过类的实例进行访问。

1. 创建实例方法并访问

所谓实例方法，是指在类中定义的函数。该函数是一种在类的实例上操作的函数。同__init__()方法一样，实例方法的第一个参数必须是 self，并且必须包含一个 self 参数。创建实例方法的语法格式如下：

```
def functionName(self,parameterlist):
    block
```

参数说明：

- functionName：用于指定方法名，一般使用小写字母开头。
- self：必要参数，表示类的实例，其名称可以是 self 以外的单词，使用 self 只是一个惯例而已。
- parameterlist：用于指定除 self 参数以外的参数，各参数间使用逗号(,)进行分隔。
- block：方法体，实现的具体功能。

说明：实例方法和 Python 中的函数的主要区别就是，函数实现的是某个独立的功能，而实例方法是实现类中的一个行为，是类的一部分。

实例方法创建完成后，可以通过类的实例名称和点(.)操作符进行访问，其语法格式如下：

```
instanceName.functionName(parametervalue)
```

参数说明：

- instanceName：为类的实例名称。
- functionName：为要调用的方法名称。
- parametervalue：表示为方法指定对应的实际参数，其值的个数与创建实例方法中 parameterlist 的个数相同。

下面通过一个具体的实例演示创建实例方法并访问。

实例 01：创建大雁类并定义飞行方法

在 Pycharm 中创建一个名称为 geese.py 的文件，然后在该文件中定义一个大雁类 Geese，并定义一个构造方法，然后再定义一个实例方法 fly()，该方法有两个参数，一个是 self，另一个用于指定飞行状态，最后再创建大雁类的实例，并调用实例方法 fly()，代码如下：

扫码观看实例讲解

```
# 创建大雁类
class Geese:
    """大雁类"""

    def __init__(self, beak, wing, claw):  # 构造方法
        print("我是大雁类!我有以下特征:")
        print(beak)  # 输出喙的特征
        print(wing)  # 输出翅膀的特征
        print(claw)  # 输出爪子的特征

    def fly(self, state):  # 定义飞行方法
        print(state)

beak_1 = "喙的基部较高,长度和头部的长度几乎相等"  # 喙的特征
wing_1 = "翅膀长而尖"  # 翅膀的特征
claw_1 = "爪子是蹼状的"  # 爪子的特征

wildGoose = Geese(beak_1, wing_1, claw_1)  # 创建大雁类的实例
wildGoose.fly("我飞行的时候,一会儿排成个人字,一会排成个一字")  # 调用实例方法
```

运行结果如图 7.1 所示。

```
我是大雁类!我有以下特征:
喙的基部较高,长度和头部的长度几乎相等
翅膀长而尖
爪子是蹼状的
我飞行的时候,一会儿排成个人字,一会排成个一字

Process finished with exit code 0
```

图 7.1　创建大雁类并定义飞行方法

多学两招：在创建实例方法时，也可以和创建函数时一样，为参数设置默认值。但是被设置了默认值的参数必须位于所有参数的最后(即最右侧)。例如，可以将实例 01 的 fly

函数代码修改为以下内容：

```
def fly(self, state = "R8J"):
```

在调用该方法时，就可以不再指定参数值，例如，可以将程序中最后一行代码修改为“wildGoose.fly()”。

2. 创建数据成员并访问

数据成员是指在类中定义的变量，即属性，根据定义位置，又可以分为类属性和实例属性。

类属性是指定义在类中，并且在函数体外的属性。类属性可以在类的所有实例之间共享值，也就是在所有实例化的对象中公用。实例属性是实例对象所拥有的属性。一般是在代码中以“self.”开头的属性。

说明： 类属性可以通过类名称或者实例名访问。

例如，定义一个大雁类 Geese，在该类中定义 3 个类属性，用于记录大雁类的特征，代码如下：

```
class Geese:
    """大雁类"""
    neck = "脖子较长"
    wing = "展翅频率高"
    leg = "腿位于身体的中心支点,行走自如"

    def __init__(self):  # 构造方法
        print("我是大雁类!我有下面的特征")
        print(Geese.neck)
        print(Geese.leg)
        print(Geese.wing)

geese = Geese()  # 实例化一个对象
```

应用上面的代码创建 Geese 类的实例后，将显示以下内容：

```
我是大雁类！我有下面的特征
脖子较长
腿位于身体的中心支点，行走自如
展翅频率高

Process finished with exit code 0
```

下面通过一个具体的实例演示类属性在类的所有实例之间共享值的应用。

情景模拟： 春天来了，有一群大雁从南方返回北方。现在想要输出每只大雁的特征以及大雁的数量。

实例 02：通过类属性统计类的实例个数

在 Pycharm 中创建一个名称为 geese_a.py 的文件，然后在该文件中定义一个大雁类 Geese，并在该类中定义 4 个类属性，前 3 个用于记录大雁类的特征，第 4 个用于记录实例编号，然后定义一个构造方法，在该构造方法中将记录实例编号的类属性进行加 1 操作，并输出 4 个类属性的值，最后通过 for 循环创建 4 个雁类的实例，代码如下：

扫码观看实例讲解

```
class Geese:
    """大雁类"""
    neck = "脖子较长"
    wing = "展翅频率高"
    leg = "腿位于身体的中心支点,行走自如"
    number = 0  # 编号

    def __init__(self):  # 构造方法
        Geese.number += 1
        print("\n 我是第" + str(Geese.number) + "只大雁!我有下面的特征")
        print(Geese.neck)
        print(Geese.leg)
        print(Geese.wing)


list1 = []
for i in range(4):
    list1.append(Geese())
print("总共有" + str(Geese.number) + "只大雁")
```

运行结果如图 7.2 所示。

```
我是第1只大雁!我有下面的特征
脖子较长
腿位于身体的中心支点，行走自如
展翅频率高

我是第2只大雁!我有下面的特征
脖子较长
腿位于身体的中心支点，行走自如
展翅频率高

我是第3只大雁!我有下面的特征
脖子较长
腿位于身体的中心支点，行走自如
展翅频率高

我是第4只大雁!我有下面的特征
脖子较长
腿位于身体的中心支点，行走自如
展翅频率高
总共有4只大雁

Process finished with exit code 0
```

图 7.2　通过类属性统计类的实例个数

在 Python 中除了可以通过类名称访问类属性外，还可以动态地为类和对象添加属性。例如，在实例 02 的基础上为大雁类添加一个 beak 属性，并通过类的实例访问该属性，可以在上面代码的后面再添加以下代码：

```
Geese.beak = "喙的基部较高,长度和头部的长度几乎相等" # 添加类属性
print("第 2 只大雁的喙:", list1[1].beak)
```

说明：上面的代码只是以第 2 只大雁为例，进行了演示，读者也可以换成其他的大雁试试。

7.2.5　访问限制

在类的内部可以定义属性和方法，而在类的外部则可以直接调用属性或方法来操作数据，从而隐藏了类内部的复杂逻辑。但是 Python 并没有对属性和方法的访问权限进行限制。为了保证类内部的某些属性或方法不被外部所访问，可以在属性或方法名前面添加单下划线(_foo)、双下划线(__foo)或首尾加双下划线(_foo_)，从而限制访问权限。其中，单下划线、双下划线、首尾双下划线的作用如下。

(1)　首尾双下划线表示定义特殊方法，一般是系统定义名字，如__init__()。

(2)　以单下划线开头的表示 protected(保护)类型的成员，只允许类本身和子类进行访问，但不能使用“from module import *”语句导入。

例如，创建一个 Swan 类，定义保护属性_neck_swan，并使用__init__()方法访问该属性，然后创建 Swan 类的实例，并通过实例名输出保护属性_neck_swan，代码如下：

```
class Swan:
    """天鹅类"""
    _neck_swan = '天鹅的脖子很长'

    def __init__(self):
        print("__init__():", Swan._neck_swan)


swan = Swan()
print("直接访问: ", swan._neck_swan)
```

执行下面的代码，将显示以下内容：

```
__init__(): 天鹅的脖子很长
直接访问:  天鹅的脖子很长

Process finished with exit code 0
```

从上面的运行结果中可以看出，保护属性可以通过实例名访问。

(3)　双下划线表示 private(私有)类型的成员，只允许定义该方法的类本身进行访问，而且也不能通过类的实例进行访问，但是可以通过“类的实例名_类名__xxx”方式访问。

例如，创建一个 Swan 类，定义私有属性_neck_swan，并使用__init__()方法访问该属性，然后创建 Swan 类的实例，并通过实例名输出私有属性_neck_swan，代码如下：

```
class Swan:
    """天鹅类"""
    __neck_swan = '天鹅的脖子很长'

    def __init__(self):
```

```
        print("__init__():", Swan.__neck_swan)


swan = Swan()
print("加入类名: ", swan._Swan__neck_swan)
print("直接访问: ", swan.__neck_swan)
```

执行上面的代码后，将输出如图 7.3 所示的结果。

```
Traceback (most recent call last):
  File "/Users/burette/PythonCode/chap7/Swan.py", line 21, in <module>
    print("直接访问: ", swan.__neck_swan)
AttributeError: 'Swan' object has no attribute '__neck_swan'
__init__(): 天鹅的脖子很长
加入类名:  天鹅的脖子很长

Process finished with exit code 1
```

图 7.3　访问私有属性

从上面的运行结果可以看出：私有属性不能直接通过实例名+属性名访问，可以在类的实例方法中访问，也可以通过“实例名，类名_xxx”方式访问。

7.3 属　　性

本节介绍的属性与 7.2.4 小节介绍的类属性和实例属性不同。7.2.4 小节介绍的属性将返回所存储的值，而本节要介绍的属性则是一种特殊的属性，访问它时将计算它的值。另外，该属性还可以为属性添加安全保护机制。

7.3.1 创建用于计算的属性

在 Python 中，可以通过@property(装饰器)将一个方法转换为属性，从而实现用于计算的属性。将方法转换为属性后，可以直接通过方法名来访问方法，而不需要再添加一对小括号“()”，这样可以让代码更加简洁。

通过@property 创建用于计算的属性的语法格式如下：

```
@property
def methodname(self):
    block
```

参数说明：

- methodname：用于指定方法名，一般使用小写字母开头。该名称最后将作为创建的属性名。
- self：必要参数，表示类的实例。
- block：方法体，实现的具体功能。在方法体中，通常以 return 语句结束，用于返回计算结果。

例如，定义一个矩形类，在__init__()方法中定义两个实例属性，然后再定义一个计算

矩形面积的方法，并应用@property 将其转换为属性，最后创建类的实例，并访问转换后的属性，代码如下：

```
class Rect:
    def __init__(self, width, height):
        self.width = width  # 矩形的宽
        self.height = height  # 矩形的高

    @property  # 将方法转换为属性
    def area(self):  # 计算矩形的面积的方法
        return self.width * self.height  # 返回矩形的面积


rect = Rect(800, 600)  # 创建类的实例
print("面积为：", rect.area)  # 输出属性的值
```

运行上面的代码，将显示以下运行结果：

```
面积为： 480000

Process finished with exit code 0
```

注意：通过@property 转换后的属性不能重新赋值，如果对其重新赋值，将抛出 AttributeError 的异常信息。

7.3.2 为属性添加安全保护机制

在 Python 中，默认情况下，创建的类属性或者实例是可以在类体外进行修改的，如果想要限制其不能在类体外修改，可以将其设置为私有的，但设置为私有后，在类体外也不能获取它的值。如果想要创建一个可以读取但不能修改的属性，那么可以使用@property 实现只读属性。

例如，创建一个电视节目类 TVshow，再创建一个 show 属性，用于显示当前播放的电视节目，代码如下：

```
class TVshow:
    def __init__(self, show):
        self._show = show

    @property  # 将方法转换为属性
    def show(self):  # 定义 show()方法
        return self._show  # 返回私有属性的值

tvshow = TVshow("正在播放《我是歌手》")  # 创建类的实例
print("默认：", tvshow.show)  # 获取属性值
```

执行上面的代码，将显示以下内容：

```
默认： 正在播放《我是歌手》

Process finished with exit code 0
```

通过上面的方法创建的 show 属性是只读的，尝试修改该属性的值，再重新获取。在上面代码中添加以下代码：

```
tvshow.show = "正在播放《快乐大本营》"  # 修改属性值
print("修改后 : ",tvshow.show)  # 获取属性值
```

运行后，将显示如图 7.4 所示的运行结果，其中红字的异常信息就是修改属性 show 时抛出的异常。

```
Traceback (most recent call last):
  File "/Users/burette/PythonCode/chap7/TVshow.py", line 22, in <module>
    tvshow.show = "正在播放《快乐大本营》"  # 修改属性值
AttributeError: can't set attribute

Process finished with exit code 1
```

图 7.4　修改只读属性时抛出的异常

通过属性不仅可以将属性设置为只读属性，而且可以为属性设置拦截器，即允许对属性进行修改，但修改时需要遵守一定的约束。

情景模拟：某电视台开设了电影点播功能，但要求只能从指定的几个电影(如《夺冠》《我和我的家乡》《姜子牙》)中选择一个。

实例 03：在模拟电影点播功能时应用属性

在 Pycharm 中创建一个名称为 film.py 的文件，然后在该文件中定义一个电视节目类 TVshow，并在该类中定义一个类属性，用于保存电影列表，然后在__init__()方法中定义一个私有的实例属性，再将该属性转换为可读取、可修改(有条件进行)的属性，最后创建类的实例，并获取和修改属性值，代码如下：

扫码观看实例讲解

```
class TVshow:
    list_film = ['夺冠', '我和我的家乡', '姜子牙']

    def __init__(self, show):
        self._show = show

    @property
    def show(self):
        return self._show

    @show.setter
    def show(self, value):
        if value in TVshow.list_film:
            self._show = "您选择了《" + value + "》,稍后将播放"
        else:
            self._show = "您点播的电影不存在"


tvshow = TVshow("夺冠")
print("正在播放：《", tvshow.show, "》")
print("您可以从", tvshow.list_film, "中选择要点播的电影")
tvshow.show = "姜子牙"
print(tvshow.show)
```

运行结果如图 7.5 所示。

```
正在播放：《 夺冠 》
您可以从 ['夺冠', '我和我的家乡', '姜子牙'] 中选择要点播的电影
您选择了《姜子牙》，稍后将播放

Process finished with exit code 0
```

图 7.5　模拟电影点播功能

7.4　继　　承

在编写类时，并不是每次都要从空白开始。当要编写的类和另一个已经存在的类之间存在一定的继承关系时，就可以通过继承来达到代码重用的目的，提高开发效率。下面将介绍如何在 Python 中实现继承。

7.4.1　继承的基本语法

继承是面向对象编程最重要的特性之一，它源于人们认识客观世界的过程，是自然界普遍存在的一种现象。例如，我们每一个人都从祖辈和父母那里继承了一些体貌特征，但是每个人却又不同于父母，因为每个人都存在自己的一些特性，这些特性是独有的，在父母身上并没有体现。在程序设计中实现继承，表示这个类拥有它继承的类的所有公有成员或者受保护成员。在面向对象编程中，被继承的类称为父类或基类，新的类称为子类或派生类。

通过继承，不仅可以实现代码的重用，还可以理顺类与类之间的关系。在 Python 中，可以在类定义语句中，在类名右侧使用一对小括号将要继承的基类名称括起来，从而实现类的继承。具体的语法格式如下：

```
class ClassName(baseclasslist):
    '''类的帮助信息'''
    statement
```

参数说明：

- ClassName：用于指定类名。
- baseclasslist：用于指定要继承的基类，可以有多个，类名之间用逗号(,)分隔。如果不指定，将使用所有 Python 对象的根类 object。
- “类的帮助信息”：用于指定类的文档字符串，定义该字符串后，在创建类的对象时，输入类名和左侧的括号(后，将显示该信息。
- statement：类体，主要由类变量(或类成员)、方法和属性等定义语句组成。如果在定义类时，没想好类的具体功能，也可以在类体中直接使用 pass 语句代替。

实例 04：创建水果基类及其派生类

在 Pycharm 中创建一个名称为 fruit.py 的文件，然后在该文件中定义一个水果类

Fruit(作为基类)，并在该类中定义一个类属性(用于保存水果默认的颜色)和一个 harvest()方法，然后创建 Apple 类和 Orange 类，都继承自 Fruit 类，最后创建 Apple 类和 Orange 类的实例，并调用 harvest()方法(在基类中编写)，代码如下：

扫码观看实例讲解

```
class Fruit:  # 定义水果类(基类)
    color = "绿色"  # 定义类属性

    def harvest(self, color):
        print("水果是：", color, "的！")  # 输出的是形式参数 color
        print("水果已经收获......")
        print("水果原浆是：", Fruit.color + "的！")  # 输出的是类属性 color


class Apple(Fruit):  # 定义苹果类(派生类)
    color = "红色"

    def __init__(self):
        print("我是苹果")


class Orange(Fruit):  # 定义橘子类(派生类)
    color = "橙色"

    def __init__(self):
        print("\n 我是橘子")


apple = Apple()
apple.harvest(apple.color)
orange = Orange()
orange.harvest(orange.color)
```

执行上面的代码，将显示如图 7.6 所示的运行结果。从该运行结果中可以看出，虽然在 Apple 类和 Orange 类中没有 harvest()方法，但是 Python 允许派生类访问基类的方法。

```
我是苹果
水果是： 红色 的!
水果已经收获......
水果原浆是： 绿色的!

我是橘子
水果是： 橙色 的!
水果已经收获......
水果原浆是： 绿色的!

Process finished with exit code 0
```

图 7.6　创建水果基类及其派生类的结果

7.4.2　方法重写

基类的成员都会被派生类继承，当基类中的某个方法不完全适用于派生类时，就需要

在派生类中重写父类的这个方法，这和 Java 语言中的方法重写是一样的。

在实例 04 中，基类中定义的 harvest()方法，无论派生类是什么水果都显示“水果……”，如果想要针对不同水果给出不同的提示，可以在派生类中重写 harvest()方法。例如，在创建派生类 Orange 时，重写 harvest()方法的代码如下：

```
class Orange(Fruit):  # 定义橘子类(派生类)
    color = "橙色"

    def __init__(self):
        print("\n 我是橘子")

    def harvest(self, color):
        print("橘子是", color, "的！")
        print("橘子已经收获......")
        print("橘子原来是：" + Fruit.color + "的！")
```

添加 harvest()方法后，再次运行实例 04，将显示如图 7.7 所示的运行结果。

```
我是苹果
水果是： 红色 的！
水果已经收获......
水果原浆是： 绿色的！

我是橘子
橘子是 橙色 的！
橘子已经收获......
橘子原来是：绿色的！

Process finished with exit code 0
```

图 7.7　重写 Orange 类的 harvest()方法的结果

7.4.3　派生类中调用基类的__init__()方法

在派生类中定义__init__()方法时，不会自动调用基类的__init__()方法。例如，定义一个 Fruit 类，在__init__()方法中创建类属性 color，然后在 Fruit 类中定义一个 harvest()方法，在该方法中输出类属性 color 的值，再创建继承自 Fruit 类的 Apple 类，最后创建 Apple 类的实例，并调用 harvest()方法，代码如下：

```
class Fruit:  # 定义水果类(基类)
    def __init__(self, color="绿色"):
        Fruit.color = color

    def harvest(self):
        print("水果原来是：", Fruit.color + "的！")  # 输出的是类属性 color


class Apple(Fruit):
    def __init__(self):
        print("我是苹果")
```

```
apple = Apple()
apple.harvest()
```

执行上面的代码后，将显示如图 7.8 所示的异常信息。

```
我是苹果
Traceback (most recent call last):
  File "/Users/burette/PythonCode/chap7/7.1.py", line 35, in <module>
    apple.harvest()
  File "/Users/burette/PythonCode/chap7/7.1.py", line 26, in harvest
    print("水果原来是: ", Fruit.color + "的! ")  # 输出的是类属性color
AttributeError: type object 'Fruit' has no attribute 'color'

Process finished with exit code 1
```

图 7.8　基类的__init__()方法未执行引起的异常

因此，要让派生类调用基类的__init__()方法进行必要的初始化，需要在派生类使用super()函数调用基类的__init__()方法。例如，在上面代码中添加以下代码：

```
super().__init__()  # 调用基类的_init_()方法
```

下面通过一个具体实例演示派生类中调用基类的__init__()方法的具体的应用。

实例 05：在派生类中调用基类的__init__()方法定义类属性

在 Pycharm 中创建一个名称为 fruit.py 的文件，然后在该文件中定义一个水果类 Fruit(作为基类)，并在该类中定义__init__()方法，在该方法中定义一个类属性(用于保存水果默认的颜色)，然后在 Fruit 类中定义一个 harvest()方法，再创建 Apple 类和 Sapodilla 类，都继承自 Fruit 类，最后创建 Apple 类和 Sapodilla 类的实例，并调用 harvest()方法(在基类中编写)，代码如下：

扫码观看实例讲解

```
class Fruit:
    def __init__(self, color="绿色"):
        Fruit.color = color

    def harvest(self, color):
        print("水果是: ", color, "的! ")  # 输出的是形式参数 color
        print("水果已经收获......")
        print("水果原来是: ", Fruit.color + "的! ")  # 输出的是类属性 color


class Apple(Fruit):  # 定义苹果类(派生类)
    color = "红色"

    def __init__(self):
        print("我是苹果")
        super().__init__()


class Sapodilla(Fruit):
```

```
    def __init__(self, color):
        print("\n我是人参果")
        super().__init__()

    def harvest(self, color):
        print("人参果是：" + color + "的！")
        print("人参果已经收获......")
        print("人参果原来是：" + Fruit.color + "的！")


apple = Apple()
apple.harvest(apple.color)
sapodilla = Sapodilla("白色")
sapodilla.harvest("金黄色带紫色条纹")
```

执行上面的代码，将显示如图 7.9 所示的运行结果。

```
我是苹果
水果是： 红色 的！
水果已经收获......
水果原来是： 绿色的！

我是人参果
人参果是：金黄色带紫色条纹的！
人参果已经收获......
人参果原来是：绿色的！

Process finished with exit code 0
```

图 7.9　在派生类中调用基类的__init__()方法定义类属性

7.5　本 章 小 结

本章主要对 Python 中的面向对象程序设计进行了详细的介绍。其中，首先介绍了面向对象相关的概念和特点，然后又详细介绍了如何在 Python 中定义类、使用类，以及 property 属性的应用，最后介绍了继承相关的内容。虽然本章关于 OOP(面向对象编程)概念介绍得很全面、很详细，但要想真正明白面向对象思想，必须要多动手实践、多动脑思考、注意平时积累等。希望读者通过自己的努力，能有所突破。

第 8 章 模　块

Python 提供了强大的模块支持，主要体现为不仅在 Python 标准库中包含了大量的模块(称为标准模块)，而且还有很多第三方模块，另外开发者自己也可以开发自定义模块。通过这些强大的模块支持，将极大地提高我们的开发效率。

本章将首先对如何开发自定义模块进行详细介绍，然后介绍如何使用标准模块和第三方模块。

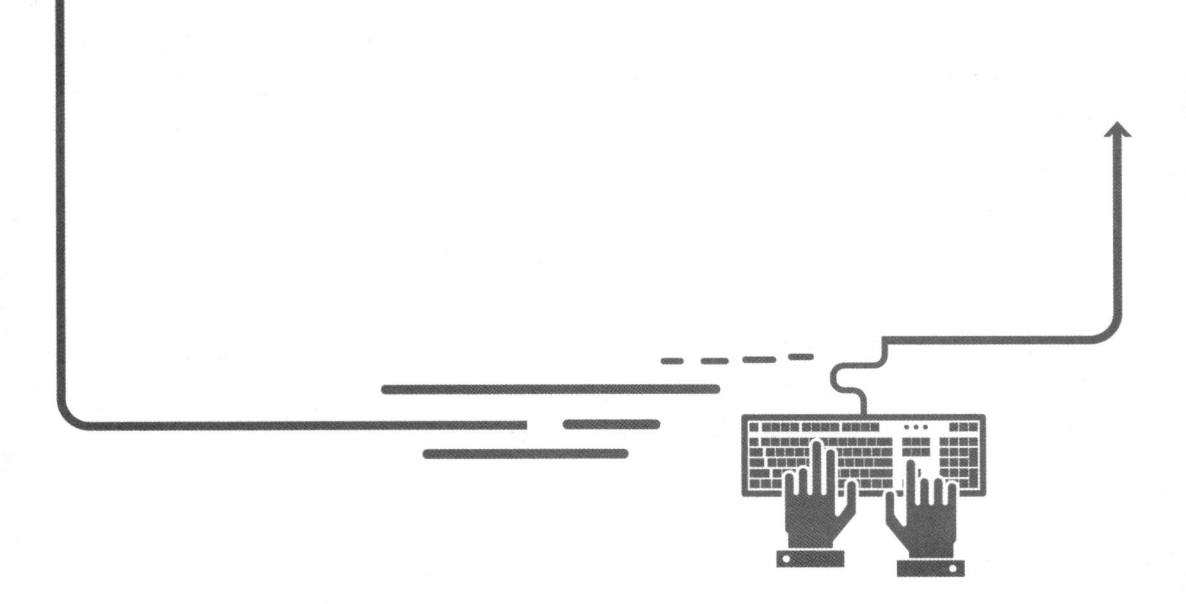

8.1 模 块 概 述

如果你从 Python 解释器退出并再次进入，之前的定义(函数和变量)都会丢失。因此，如果你想编写一个稍长些的程序，最好使用文本编辑器为解释器准备输入，并将该文件作为输入运行。这被称作编写脚本。随着程序变得越来越长，你或许会想把它拆分成几个文件，以方便维护。你亦或想在不同的程序中使用一个便捷的函数，而不必把这个函数复制到每一个程序中去。

为支持这些，Python 有一种方法可以把定义放在一个文件里，并在脚本或解释器的交互式实例中使用它们。这样的文件被称作模块；模块中的定义可以导入到其他模块或者主模块(你在顶级和计算器模式下执行的脚本中可以访问的变量集合)。

为了编写可维护的代码，我们把很多函数分组，分别放到不同的文件里，这样，每个文件包含的代码就相对较少，很多编程语言都采用这种组织代码的方式。

使用模块有什么好处？最大的好处是大大提高了代码的可维护性。其次，编写代码不必从零开始。当一个模块编写完毕，就可以被其他地方引用。我们在编写程序的时候，也经常引用其他模块，包括 Python 内置的模块和来自第三方的模块。

使用模块还可以避免函数名和变量名冲突。相同名字的函数和变量完全可以分别存在于不同的模块中，因此，我们自己在编写模块时，不必考虑名字会与其他模块冲突。但是也要注意，尽量不要与内置函数名字冲突。

你也许还想到，如果不同的人编写的模块名相同怎么办？为了避免模块名冲突，Python 又引入了按目录来组织模块的方法，称为包(Package)。

模块的英文是 Modules，可以认为是一盒(箱)主题积木，通过它可以拼出某一主题的东西。这与第 5 章介绍的函数不同，一个函数相当于一块积木，而一个模块中可以包括很多函数，也就是很多积木，所以也可以说模块相当于一盒积木。

在 Python 中，一个.py 文件就称为一个模块(Module)。通常情况下，我们把能够实现某一特定功能的代码放置在一个文件中作为一个模块，从而方便其他程序和脚本导入并使用。另外，使用模块也可以避免函数名和变量名冲突。

经过前面的学习，我们知道 Python 代码可以写到一个文件中。但是随着程序不断变大，为了便于维护，需要将其分为多个文件，这样可以提高代码的可维护性。另外，使用模块还可以提高代码的可重用性。即编写好一个模块后，只要是实现该功能的程序，都可以导入这个模块实现。

8.2 自定义模块

在 Python 中，自定义模块有两个作用：①规范代码，让代码更易于阅读；②方便其他程序使用已经编写好的代码，提高开发效率。

实现自定义模块主要分为两部分：①创建模块；②导入模块。

8.2.1　创建模块

创建模块时，可以将模块中相关的代码(变量定义和函数定义等)编写在一个单独的文件中，并且将该文件命名为“模块名+.py”的形式。

注意：创建模块时，设置的模块名不能是 Python 自带的标准模块名称。

下面通过一个具体的实例演示如何创建模块。

实例 01：创建计算 BMI 指数的模块

创建一个用于根据身高、体重计算 BMI 指数的模块，命名为 bmi.py，其中 bmi 为模块名，.py 为扩展名。关键代码如下：

扫码观看实例讲解

```
def fun_bmi(person, height, weight):
    """
    功能：根据身高和体重计算 BMI 指数
    :param person:姓名
    :param height:身高
    :param weight:体重
    :return:
    """
    print(person + "的身高：" + str(height) + "\t 体重：" + str(weight))
    bmi = weight / (height * height)
    print(person + "的 BMI 指数为：" + str(bmi))
    # 省略显示的相关代码

def fun_bmi_upgrade(*person):
    """
    功能：根据身高和体重计算 BMI 指数(升级版)
    :param person:
    :return:
    """
    # 省略函数主题代码
```

注意：模块文件的扩展名必须是“.py”。

8.2.2　使用 import 语句导入模块

创建模块后，就可以在其他程序中使用该模块了。要使用模块，需要先以模块的形式加载模块中的代码，这可以使用 import 语句来实现。import 语句的基本语法格式如下：

```
import modulename [as alias]
```

其中，modulename 为要导入模块的名称；[as alias]为给模块起的别名，通过该别名也可以使用模块。

下面将导入实例 01 所编写的模块 bmi，并执行该模块中的函数。在模块文件 bmi.py 的同级目录下创建一个名称为 main.py 的文件，在该文件中，导入模块 bmi，并且执行该模块中的 fun_bmi()函数，代码如下：

```
import bmi  # 导入 bmi 模块

bmi.fun_bmi("布鲁斯", 1.75, 120)  # 执行模块中的 fun_bmi()函数
```

执行上面的代码，将显示如图 8.1 所示的运行结果。

```
布鲁斯的身高：1.75    体重：120
布鲁斯的BMI指数为：39.183673469387756

Process finished with exit code 0
```

图 8.1　导入模块并执行模块中的函数

说明：在调用模块中的变量、函数或者类时，需要在变量名、函数名或者类名前添加“模块名.”作为前缀。例如，上面代码中的 bmi.fun_bmi，表示调用 bmi 模块中的 fun_bmi()函数。

多学两招：

如果模块名比较长，不容易记住，可以在导入模块时，使用 as 关键字为其设置一个别名，然后就可以通过这个别名来调用模块中的变量、函数和类等。例如，将上面导入模块的代码修改为以下内容：

```
import bmi as m # 导入 bmi 模块并设置别名为 m
```

然后，在调用 bmi 模块中的 fun_bmi()函数时，可以使用下面的代码：

```
m.fun_bmi("布鲁斯", 1.75, 120)  # 执行模块中的 fun_bmi()函数
```

使用 import 语句还可以一次导入多个模块，在导入多个模块时，模块名之间使用逗号“,”进行分隔。例如，分别创建了 bmi.py、tips.py 和 differenttree.py 共 3 个模块文件。想要将这 3 个模块全部导入，可以使用下面的代码：

```
import bmi,tips,differenttree
```

8.2.3　使用 from…import 语句导入模块

在使用 import 语句导入模块时，每执行一条 import 语句都会创建一个新的命名空间(namespace)，并且在该命名空间中执行与.py 文件相关的所有语句。在执行时，需在具体的变量、函数和类名前加上“模块名.”前缀。如果不想在每次导入模块时都创建一个新的命名空间，而是将具体的定义导入到当前的命名空间中，这时可以使用 from…import 语句。使用 from…import 语句导入模块后，不需要再添加前缀，直接通过具体的变量、函数和类名等访问即可。

说明：命名空间可以理解为记录对象名字和对象之间对应关系的空间。目前 Python 的命名空间大部分都是通过字典(dict)来实现的。其中，key 是标识符；value 是具体的对象。例如，key 是变量的名字，value 则是变量的值。

from…import 语句的语法格式如下：

```
from modulename import member
```

参数说明：

- modulename：模块名称，区分字母大小写，需要和定义模块时设置的模块名称的大小写保持一致。
- member：用于指定要导入的变量、函数或者类等。可以同时导入多个定义，各个定义之间使用逗号“,”分隔。如果想导入全部定义，也可以使用通配符星号“*”代替。

多学两招：在导入模块时，如果使用通配符“*”导入全部定义后，想查看具体导入了哪些定义，可以通过显示 dir()函数的值来查看。例如，执行 print(dir())语句后将显示类似下面的内容：

```
['__builtins__', '__cached__', '__doc__', '__file__', '__loader__', '__name__', '__package__', '__spec__', 'bmi']

Process finished with exit code 0
```

其中 bmi 就是我们导入的定义。

注意：在使用 from…import 语句导入模块中的定义时，需要保证所导入的内容在当前的命名空间中是唯一的，否则将出现冲突，后导入的同名变量、函数或者类会覆盖先导入的。这时就需要使用 import 语句进行导入。

实例 02：导入两个包括同名函数的模块

创建两个模块：①矩形模块，其中包括计算矩形周长和面积的函数；②圆形模块，其中包括计算圆形周长和面积的函数。然后在另一个 Python 文件中导入这两个模块，并调用相应的函数计算周长和面积。具体步骤如下。

(1) 创建矩形模块，对应的文件名为 rectangle.py，在该文件中定义两个函数，一个用于计算矩形的周长，另一个用于计算矩形的面积，具体代码如下：

扫码观看实例讲解

```
def girth(width, height):
    """
    功能：计算周长
    :param width:宽度
    :param height:高度
    :return:
    """
    return (width + height) * 2


def area(width, height):
    """
    功能：计算面积
    :param width: 宽度
    :param height: 高度
    :return:
    """
    return width * height


if __name__ == "__main__":
    print(area(10, 20))
```

(2) 创建圆形模块，对应的文件名为 circular.py，在该文件中定义两个函数，一个用

于计算圆形的周长，另一个用于计算圆形的面积，具体代码如下：

```
import math

PI = math.pi

def girth(r):
    """
    功能：计算周长
    :param r: 半径
    :return:
    """
    return round(2 * PI * r, 2)


def area(r):
    """
    功能：计算面积
    :param r: 半径
    :return:
    """
    return round(PI * r * r, 2)


if __name__ == "__main__":
    print(girth(10))
```

(3) 创建一个名称为 compute.py 的 Python 文件，在该文件中，首先导入矩形模块的全部定义，然后导入圆形模块的全部定义，最后分别调用计算矩形周长的函数和计算圆形周长的函数，代码如下：

```
import rectangle as r  # 导入矩形模块
import circular as c  # 导入圆形模块

if __name__ == '__main__':
    print("圆形的周长为：", c.girth(10))  # 调用计算圆形周长的函数
    print("矩形的周长为：", r.girth(10, 20))  # 调用计算矩形周长的函数
```

执行 compute.py 文件，将显示如图 8.2 所示的结果。

```
圆形的周长为： 62.83
矩形的周长为： 60

Process finished with exit code 0
```

图 8.2　执行不同模块的同名函数

8.2.4　模块主要搜索目录

当使用 import 语句导入模块时，默认情况下，会按照以下顺序进行查找。

(1)　在当前目录(即执行的 Python 脚本文件所在目录)下查找。

(2)　到 PYTHONPATH(环境变量)下的每个目录中查找。

(3)　到 Python 的默认安装目录下查找。

以上各个目录的具体位置保存在标准模块 sys 的 sys.path 变量中。可以通过以下代码输出具体的目录：

```
import sys  # 导入标准模块 sys
print(sys.path)  # 输出具体目录
```

例如，在 Pycharm 中，执行上面的代码，将显示如图 8.3 所示的结果。

```
['/Users/burette/PythonCode/chap8', '/Users/burette/PythonCode', '/Users/burette/PythonCode/chap8',

Process finished with exit code 0
|
```

图 8.3　在 PyCharm 窗口中查看具体目录

8.3　以主程序的形式运行

这里先来创建一个模块，名称为 christmastree，在该段代码中，首先定义一个全局变量，然后创建一个名称为 fun_christmastrec()的函数，最后再通过 print()函数输出一些内容。代码如下：

```
pinetree = '我是一棵松树'  # 定义一个全局变量(松树)
def fun_christmastree():  # 定义函数
    '''''功能:一个梦
    无返回值
    '''
    pinetree = '挂上彩灯、礼物......我变成一棵圣诞树\n'  # 定义局部变量
    print(pinetree)  # 输出局部变量的值


# 函数体外
print('\n 下雪了......\n')
print('...开始做梦...\n')
fun_christmastree()  # 调用函数
print('...梦醒了...\n')
pinetree = '我身上落满雪花,' + pinetree + '\n'  # 为全局变量赋值
print(pinetree)  # 输出全局变量的值
```

在与 christmastree 模块同级的目录下，创建一个名称为 main.py 的文件，在该文件中，导入 christmastree 模块，再通过 print()语句输出模块中的全局变量 pinetree 的值，代码如下：

```
import christmastree

print(christmastree.pinetree)
```

执行上面的代码，将显示如图 8.4 所示的结果。

```
下雪了......

...开始做梦...

挂上彩灯、礼物......我变成一棵圣诞树

...梦醒了...

我身上落满雪花,我是一棵松树

我身上落满雪花,我是一棵松树


Process finished with exit code 0
```

图 8.4　导入模块输出模块中定义的全局变量的值

从图 8.4 所示的运行结果可以看出，导入模块后，不仅输出了全局变量的值，而且模块中原有的测试代码也被执行了。这个结果显然不是我们想要的。那么如何只输出全局变量的值呢？实际上，可以在模块中，将原本直接执行的测试代码放在一个 if 语句中。因此，可以将模块 christmastree 的代码修改为以下内容：

```
pinetree = '我是一棵松树'  # 定义一个全局变量(松树)


def fun_christmastree():  # 定义函数
 ''''''功能:一个梦
 无返回值
 '''
 pinetree = '挂上彩灯、礼物......我变成一棵圣诞树\n'  # 定义局部变量
 print(pinetree)  # 输出局部变量的值


if __name__ == "__main__":
    print('\n下雪了......\n')
    print('...开始做梦...\n')
    fun_christmastree()  # 调用函数
    print('...梦醒了...\n')
    pinetree = '我身上落满雪花,' + pinetree + '\n'  # 为全局变量赋值
    print(pinetree)  # 输出全局变量的值
```

再次执行导入模块的 main.py 文件，将显示如图 8.5 所示的结果。从执行结果中可以看出，测试代码并没有执行。

说明： 在每个模块的定义中都包括一个记录模块名称的变量__name__，程序可以检查该变量，以确定它们在哪一个模块中执行。如果一个模块不是被导入到其他程序中执行，那么它可能在解释器的顶级模块中执行。顶级模块的__name__变量的值为__main__。

```
我是一棵松树

Process finished with exit code 0
```

图 8.5 在模块中加入以主程序的形式执行的判断

8.4 Python 中的包

使用模块可以避免函数名和变量名重名引发的冲突。那么，如果模块名重复应该怎么办呢？在 Python 中，提出了包(Package)的概念。包是一个分层次的目录结构，它将一组功能相近的模块组织在一个目录下。这样，既可以起到规范代码的作用，又能避免模块名重名引起的冲突。

8.4.1 Python 程序的包结构

在实际项目开发时，通常情况下，会创建多个包用于存放不同类的文件。例如，本教程配套的代码中，可以创建如图 8.6 所示的包结构。

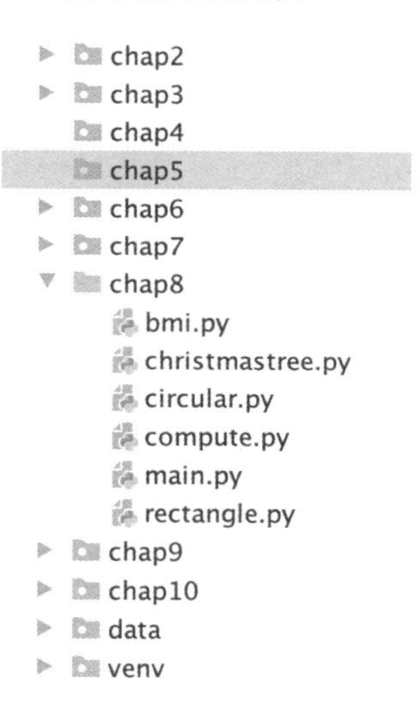

图 8.6 一个 Python 项目的包结构

说明：在图 8.6 中，先创建一个名称为 PythonCode 的项目，然后在该包下又创建了各个章节的包，最后在每个包中，又创建了相应的模块。

8.4.2 创建和使用包

下面将分别介绍如何创建和使用包。

1. 创建包

创建包实际上是创建一个文件夹，并且在该文件夹中创建一个名为__init__.py 的 Python 文件。在__init__.py 文件中，可以不编写任何代码，也可以编写一些 Python 代码。在__init__.py 文件中所编写的代码，在导入包时会自动执行。

说明：__init__.py 文件是一个模块文件，模块名为对应的包名。

2. 使用包

创建包以后，就可以在包中创建相应的模块，然后再使用 import 语句从包中加载模块。从包中加载模块通常有以下两种方式。

(1) 通过“import+完整包名+模块名”形式加载指定模块。

“import + 完整包名 + 模块名”形式是指：假如有一个名称为 settings 的包，在该包下有一个名称为 size 的模块，那么要导入 size 模块，可以使用下面的代码：

```
import settings.size
```

通过该方式导入模块后，在使用时需要使用完整的名称。例如，在已经创建的 settings 包中创建一个名称为 size 的模块，并且在该模块中定义两个变量，代码如下：

```
width = 800
height = 600
```

这时，通过“import+完整包名+模块名”形式导入 size 模块后，在调用 width 和 height 变量时，就需要在变量名前加入“settings.size.”前缀。对应的代码如下：

```
from settings import size
if __name__ == '__main__':
    print('宽度：',size.width)
    print('高度：',size.height)
```

(2) 通过“from +完整包名+ 模块名 + import + 定义名”形式加载指定模块。

“from+完整包名+模块名+import+定义名”形式是指：假如有一个名称为 settings 的包，在该包下有一个名称为 size 的模块，那么要导入 size 模块中的 width 和 height 变量，可以使用下面的代码：

```
from settings.size import width,height
```

通过该方式导入模块的函数、变量或类后，在使用时直接使用函数、变量或类名即可。例如，想通过“from+完整包名+模块名+import+定义名”形式导入上面已经创建的 size 模块的 width 和 height 变量，并输出，就可以通过下面的代码实现：

```
from settings.size import width,height
if __name__ == '__main__':
    print('宽度：',width)
    print('高度：',height)
```

说明：在通过“from+完整包名+模块名+import+定义名”形式加载指定模块时，可以使用星号*代替定义名，表示加载该模块下的全部定义。

实例 03：在指定包中创建通用的设置和获取尺寸的模块

创建一个名称为 settings 的包，在该包下创建一个名称为 size 的模块，通过该模块实现设置和获取尺寸的通用功能。具体步骤如下。

(1) 在 settings 包中，创建一个名称为 size 的模块，在该模块中，定义两个保护类型的全局变量，分别代表宽度和高度，然后定义一个 change()函数，用于修改两个全局变量的值，再定义两个函数，分别用于获取宽度和高度，具体代码如下：

扫码观看实例讲解

```
_width = 800  # 定义保护类型的全局变量(宽度)
_height = 600  # 定义保护类型的全局变量(高度)


def change(w, h):
    global _width  # 全局变量(宽度)
    _width = w  # 重新给宽度赋值
    global _height  # 全局变量(高度)
    _height = h  # 重新给高度赋值


def getWidth():  # 获取宽度的函数
    global _width
    return _width


def getHeight():  # 获取高度的函数
    global _height
    return _height
```

(2) 在 settings 包的上一层目录中创建一个名称为 main.py 的文件，在该文件中导入 settings 包下的 size 模块的全部定义，并且调用 change()函数重新设置宽度和高度，然后再分别调用 getWidth()和 getHeight()函数获取修改后的宽度和高度，具体代码如下：

```
from settings import *

if __name__ == "__main__":
    change(1024, 768)
    print("宽度：", getWidth())
    print("高度：", getHeight())
```

执行本实例，将显示如图 8.7 所示的结果。

```
宽度： 1024
高度： 768

Process finished with exit code 0
```

图 8.7　输出修改后的尺寸

8.5 引用其他模块

在 Python 中，除了可以自定义模块外，还可以引用其他模块，主要包括使用标准模块和第三方模块。下面分别进行介绍。

8.5.1 导入和使用模块标准

在 Python 中，自带了很多实用的模块，称为标准模块(也可以称为标准库)，对于标准模块，我们可以直接使用 import 语句导入到 Python 文件中使用。例如，导入标准模块 random(用于生成随机数)，可以使用下面的代码：

```
import random  # 导入标准模块 random
```

说明：在导入标准模块时，也可以使用 as 关键字为其指定别名。通常情况下，如果模块名比较长，则可以为其设置别名。

导入标准模块后，可以通过模块名调用其提供的函数。例如，导入 random 模块后，就可以调用 randint()函数生成一个指定范围的随机整数。例如，生成一个 0～10(包括 0 和 10)的随机整数的代码如下：

```
import random  # 导入标准模块 random
print(random.randint(0,10))
```

执行上面的代码，可能会输出 0～10 中的任意一个数。

场景模拟：实现一个用户登录页面，为了防止恶意破解，可以添加验证码。这里需要实现一个由数字、大写字母和小写字母组成的 4 位验证码。

实例 04：生成由数字、字母组成的 4 位验证码

在 Pycharm 中创建一个名称为 checkcode.py 的文件，然后在该文件中导入 Python 标准模块中的 random 模块(用于生成随机数)，然后定义一个保存验证码的变量，再应用 for 语句实现一个重复 4 次的循环，在该循环中，调用 random 模块提供的 randrange()和 randint()方法生成符合要求的验证码，最后输出生成的验证码，代码如下：

扫码观看实例讲解

```
import random

if __name__ == "__main__":
 checkcode = ""
 for i in range(4):
     index = random.randrange(0, 4)  # 生成 0~3 中的一个数
     if index != i and index + 1 != i:
         checkcode += chr(random.randint(97, 122))  # 生成 a~z 中的小写字母
     elif index + 1 == i:
         checkcode += chr(random.randint(65, 90))  # 生成 A~Z 中的大写字母
     else:
         checkcode += str(random.randint(1, 9))  # 生成 1~9 中的数字
```

```
print("验证码：", checkcode)  # 输出生成的验证码
```

执行本实例，将显示如图 8.8 所示的结果。

```
验证码： 3iUB

Process finished with exit code 0
```

图 8.8　生成验证码

除了 random 模块外，Python 还提供了大约 200 多个内置的标准模块，涵盖了 Python 运行时服务、文字模式匹配、操作系统接口、数学运算、对象永久保存、网络和 Internet 脚本和 GUI 构建等方面。

除了表 8.1 所列出的标准模块外，Python 还提供了很多其他模块，读者可以在 Python 的帮助文档中查看。具体方法是：打开 Python 安装路径下的 Doc 目录，在该目录中的扩展名为 chm 的文件(如 python364.chm)即为 Python 的帮助文档。打开该文件进行查看即可。

表 8.1　Python 常用的内置标准模块

模 块 名	描　述
sys	与 Python 解释器及其环境操作相关的标准库
time	提供与时间相关的各种函数的标准库
os	提供了访问操作系统服务功能的标准库
calendar	提供与日期相关的各种函数的标准库
urllib	用于读取来自网上(服务器上)的数据的标准库
json	用于使用 JSON 序列化和反序列化对象
re	用于在字符串中执行正则表达式匹配和替换
math	提供算术运算函数的标准库
decimal	用于进行精确控制运算精度、有效数位和四舍五入操作的十进制运算
shutil	用于进行高级文件操作，如复制、移动和重命名等
logging	提供了灵活的记录事件、错误、警告和调试信息等日志信息的功能
tkinter	使用 Python 进行 GUI 编程的标准库

8.5.2　第三方模块的下载与安装

在进行 Python 程序开发时，除了可以使用 Python 内置的标准模块外，还有很多第三方模块可以被我们所使用。对于这些第三方模块，可以在 Python 官方推出的 http://pypi.python.org/pypi 中找到。

在使用第三方模块时，需要先下载并安装该模块，然后就可以像使用标准模块一样导入并使用了。本节主要介绍如何下载和安装。下载和安装第三方模块可以使用 Python 提供的 pip 命令来实现。pip 命令的语法格式如下：

```
pip <command> [modulename]
```

参数说明：

- command：用于指定要执行的命令。常用的参数值有 install(用于安装第三方模块)、uninstall(用于卸载已经安装的第三方模块)、list(用于显示已经安装的第三方模块)等。
- modulename：可选参数，用于指定要安装或者卸载的模块名，当 command 为 install 或者 uninstall 时不能省略。

例如，安装第三方 numpy 模块(用于科学计算)，可以在命令行窗口中输入以下代码：

```
pip install numpy
```

说明：在大型程序中可能需要导入很多模块，推荐先导入 Python 提供的标准模块，然后再导入第三方模块，最后导入自定义模块。

多学两招：

如果想要查看 Python 中都有哪些模块(包括标准模块和第三方模块)，可以在 Pycharm 中输入以下命令：

```
help('modules')
```

如果只是想要查看已经安装的第三方模块，可以在命令行窗口中输入以下命令：

```
pip list
```

8.6 本章小结

本章首先对模块进行了简要的介绍，然后介绍了如何自定义模块，也就是自己开发一个模块，接下来又介绍了如何通过包避免模块重名引发的冲突，最后介绍了如何使用 Python 内置的标准模块和第三方模块。本章中介绍的内容在实际项目开发中会经常应用，所以需要大家认真学习，做到融会贯通，为以后项目开发打下良好的基础。

第 9 章

异常处理及程序调试

学习过 C 语言或者 Java 语言的用户都知道在 C 语言或者 Java 语言中，编译器可以捕获很多语法错误。但是，在 Python 语言中，只有在程序运行后才会执行语法检查。所以，只有在运行或测试程序时，才会真正知道该程序能不能正常运行。因此，掌握一定的异常处理语句和程序调试方法是十分必要的。

本章将主要介绍常用的异常处理语句，以及如何使用 assert 语句进行调试。

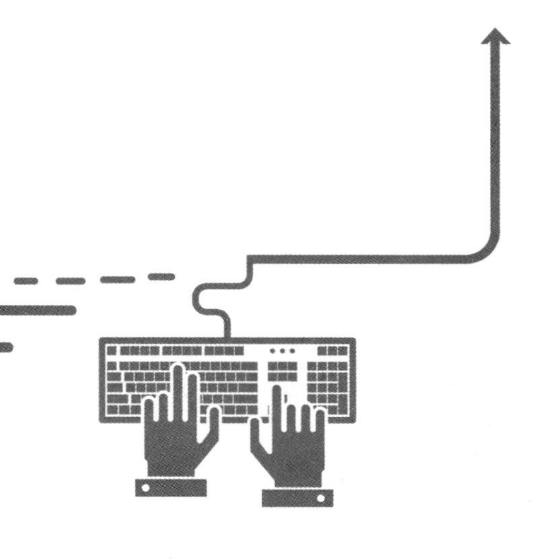

9.1 异 常 概 述

在程序运行过程中，经常会遇到各种各样的错误，这些错误统称为“异常”。这些异常有的是由于开发者将关键字敲错导致的，这类错误多数产生的是 SyntaxError：invalidsyntax(无效的语法)，这将直接导致程序不能运行。这类异常是显式的，在开发阶段很容易被发现。还有一类是隐式的，通常和使用者的操作有关。

场景模拟：在全民学编程的时代，作为程序员二代的小琦编写了一个程序，模拟幼儿园老师分苹果。如果老师买来 10 个苹果，今天来了 10 个小朋友，那么输入 10 和 10，程序给出的结果是每人分 1 个苹果。但是小琦的程序有一个异常。下面通过实例 01 来具体分析异常信息。

实例 01：模拟幼儿园分苹果

在 Pycharm 中创建一个名称为 division_apple.py 的文件，然后在该文件中定义一个模拟分苹果的函数 division()，在该函数中，要求输入苹果的数量和小朋友的数量，然后应用除法算式计算分配的结果，最后调用 division()函数，代码如下：

扫码观看实例讲解

```
def division():
 '"功能：分苹果"'
    apple = int(input("请输入苹果的个数：")) # 输入苹果的数量
    children = int(input("请输入来了几个小朋友:"))
    result = apple // children  # 计算每人分几个苹果
    remain = apple - result * children  # 计算余下几个苹果
    if remain > 0:
        print(apple, "个苹果,平均分给", children, "个小朋友,每人分", result, "
个,剩下", remain, "个。")
    else:
        print(apple, "个苹果,平均分给", children, " 个小朋友,每人分", result,
"个。")
 if __name__ == '__main__':
     division() # 调用分苹果的函数
```

运行程序，当输入苹果和小朋友的数量都是 10 时，将显示如图 9.1 所示的结果。

```
请输入苹果的个数: 10
请输入来了几个小朋友: 10
10 个苹果, 平均分给 10  个小朋友, 每人分 1 个。

Process finished with exit code 0
```

图 9.1　正确的输出结果

如果在输入数量时，不小心把小朋友的人数输成了 0，将得到如图 9.2 所示的结果。

产生 ZeroDivisionError(除数为 0 错误)的根源在于算术表达式“10/0”中，0 作为除数出现，所以正在执行的程序被中断(第 6 行以后，包括第 6 行的代码都不会被执行)。

除了 ZeroDivisionError 异常外，Python 中还有很多异常。如表 9.1 所示为 Python 中常

见的异常。

```
请输入苹果的个数: 10
请输入来了几个小朋友: 0
Traceback (most recent call last):
  File "/Users/burette/PythonCode/chap9/9.1.py", line 24, in <module>
    division()  # 调用分苹果的函数
  File "/Users/burette/PythonCode/chap9/9.1.py", line 15, in division
    result = apple // children  # 计算每人分几个苹果
ZeroDivisionError: integer division or modulo by zero

Process finished with exit code 1
```

图 9.2　抛出了 ZeroDivisionError 异常

表 9.1　Python 中常见的异常

异常名称	描　述
BaseException	所有异常的基类
SystemExit	解释器请求退出
KeyboardInterrupt	用户中断执行(通常是输入^C)
Exception	常规错误的基类
StopIteration	迭代器没有更多的值
GeneratorExit	生成器(generator)发生异常来通知退出
StandardError	所有的内建标准异常的基类
ArithmeticError	所有数值计算错误的基类
FloatingPointError	浮点计算错误
OverflowError	数值运算超出最大限制
ZeroDivisionError	除(或取模)零 (所有数据类型)
AssertionError	断言语句失败
AttributeError	对象没有这个属性
EOFError	没有内建输入，到达 EOF 标记
EnvironmentError	操作系统错误的基类
IOError	输入/输出操作失败
OSError	操作系统错误
WindowsError	系统调用失败
ImportError	导入模块/对象失败
LookupError	无效数据查询的基类
IndexError	序列中没有此索引(index)
KeyError	映射中没有这个键
MemoryError	内存溢出错误(对于 Python 解释器不是致命的)
NameError	未声明/初始化对象(没有属性)
UnboundLocalError	访问未初始化的本地变量

续表

异常名称	描　述
ReferenceError	弱引用(Weak reference)试图访问已经垃圾回收了的对象
RuntimeError	一般的运行时错误
NotImplementedError	尚未实现的方法
SyntaxError	Python 语法错误
IndentationError	缩进错误
TabError	Tab 和空格混用
SystemError	一般的解释器系统错误
TypeError	对类型无效的操作
ValueError	传入无效的参数
UnicodeError	Unicode 相关的错误
UnicodeDecodeError	Unicode 解码时的错误
UnicodeEncodeError	Unicode 编码时错误
UnicodeTranslateError	Unicode 转换时错误

说明：表 9.1 所示的异常并不需要记住，只需简单了解即可。

9.2　异常处理语句

在程序开发时，有些错误并不是每次运行都会出现。例如，对于本章的实例 01，只要输入的数据符合程序的要求，程序就可以正常运行，否则将抛出异常并停止运行。假设在输入苹果的数量时，输入了 23.5，那么程序将抛出如图 9.3 所示的异常。

```
请输入苹果的个数：23.5
Traceback (most recent call last):
  File "/Users/burette/PythonCode/chap9/9.1.py", line 24, in <module>
    division()  # 调用分苹果的函数
  File "/Users/burette/PythonCode/chap9/9.1.py", line 13, in division
    apple = int(input("请输入苹果的个数：")) # 输入苹果的数量
ValueError: invalid literal for int() with base 10: '23.5'

Process finished with exit code 1
```

图 9.3　抛出 ValueError 异常

这时，就需要在开发程序时，对可以出现异常的情况进行处理。下面将详细介绍 Python 中提供的异常处理语句。

9.2.1　try…except 语句

在 Python 中，提供了 try…except 语句捕获并处理异常。在使用时，把可能产生异常的代码放在 try 语句块中，把处理结果放在 except 语句块中，这样，当 try 语句块中的代

码出现错误时，就会执行 except 语句块中的代码，如果 try 语句块中的代码没有错误，那么 except 语句块将不会执行。具体的语法格式如下：

```
try:
    block1
except [ExceptionName [as alias]]:
    block2
```

参数说明：

- block1：表示可能出现错误的代码块。
- ExceptionName [as alias]：可选参数，用于指定要捕获的异常。其中，ExceptionName 表示要捕获的异常名称，如果在其右侧加上 as alias，则表示为当前的异常指定一个别名，通过该别名，可以记录异常的具体内容。

说明：在使用 try...except 语句捕获异常时，如果在 except 后面不指定异常名称，则表示捕获全部异常。

- block2：表示进行异常处理的代码块。在这里可以输出固定的提示信息，也可以通过别名输出异常的具体内容。

说明：使用 try...except 语句捕获异常后，当程序出错时，输出错误信息后，程序会继续执行。

下面将对实例 01 进行改进，加入捕获异常功能，对除数不能为 0 的情况进行处理。

实例 02：模拟幼儿园分苹果(除数不能为 0)

在 Pycharm 中创建一个名称为 division_apple_0.py 的文件，然后将实例 01 的代码全部复制到该文件。

扫码观看实例讲解

```
def division():
    '''功能：分苹果'''
    apple = int(input("请输入苹果的个数："))  # 输入苹果的数量
    children = int(input("请输入来了几个小朋友："))
    result = apple // children  # 计算每人分几个苹果
    remain = apple - result * children  # 计算余下几个苹果
    if remain > 0:
        print(apple, "个苹果,平均分给", children, "个小朋友,每人分", result, "
个,剩下", remain, "个。")
    else:
        print(apple, "个苹果,平均分给", children, " 个小朋友,每人分", result,
"个。")

if __name__ == '__main__':
    try:
        division()  # 调用分苹果的函数
    except ZeroDivisionError:
        print("\n 出错了！—苹果不能被 0 个小朋友分！")
```

执行以上代码，输入苹果的数量为 10，小朋友的人数为 0 时，将不再抛出异常，而是显示如图 9.4 所示的结果。

```
请输入苹果的个数：10
请输入来了几个小朋友：0

出错了！—苹果不能被0个小朋友分！

Process finished with exit code 0
```

图 9.4　除数为 0 时重新执行程序

目前，我们只处理了除数为 0 的情况，如果将苹果和小朋友的数量输入成小数或者不是数字，会是什么结果呢？再次运行上面的实例，输入苹果的数量为 2.7，将得到如图 9.5 所示的结果。

```
请输入苹果的个数：2.7
Traceback (most recent call last):
  File "/Users/burette/PythonCode/chap9/division_apple_0.py", line 25, in <module>
    division()  # 调用分苹果的函
  File "/Users/burette/PythonCode/chap9/division_apple_0.py", line 13, in division
    apple = int(input("请输入苹果的个数：")) # 输入苹果的数量
ValueError: invalid literal for int() with base 10: '2.7'

Process finished with exit code 1
```

图 9.5　输入的数量为小数时得到的结果

从图 9.5 中可以看出，程序中要求输入整数，而实际输入的是小数，则抛出 ValueError(传入的值错误)异常。要解决该问题，可以在实例 02 的代码中，为 try…except 语句再添加一个 except 语句，用于处理抛出 ValueError 异常的情况。修改后的代码如下：

```
def division():
    '''功能：分苹果'''
    apple = int(input("请输入苹果的个数：")) # 输入苹果的数量
    children = int(input("请输入来了几个小朋友："))
    result = apple // children  # 计算每人分几个苹果
    remain = apple - result * children  # 计算余下几个苹果
    if remain > 0:
        print(apple, "个苹果,平均分给", children, "个小朋友,每人分", result, "
个,剩下", remain, "个。")
    else:
        print(apple, "个苹果,平均分给", children, " 个小朋友,每人分", result,
"个。")

if __name__ == '__main__':
    try:
        division()  # 调用分苹果的函数
    except ZeroDivisionError:
        print("\n 出错了！一个苹果不能被 0 个小朋友分！")
    except ValueError as e:
        print("输入错误：", e)
```

再次运行程序，输入苹果的数量为小数时，将不再直接抛出异常，而是显示友好的提示，如图 9.6 所示。

```
请输入苹果的个数：2.7
输入错误： invalid literal for int() with base 10: '2.7'

Process finished with exit code 0
```

图 9.6　输入的数量为小数时显示友好的提示

9.2.2　try…except…else 语句

在 Python 中，还有另一种异常处理结构，它是 try…except…else 语句，也就是在原来 try…except 语句的基础上再添加一个 else 子句，用于指定当 try 语句块中没有发现异常时要执行的语句块。该语句块中的内容当 try 语句中发现异常时，将不被执行。例如，对实例 02 进行修改，实现当 division() 函数被执行后没有抛出异常时，输出文字“分苹果顺利完成…”。修改后的代码如下：

```
def division():
    '"功能：分苹果"'
    apple = int(input("请输入苹果的个数：")) # 输入苹果的数量
    children = int(input("请输入来了几个小朋友："))
    result = apple // children # 计算每人分几个苹果
    remain = apple - result * children # 计算余下几个苹果
    if remain > 0:
        print(apple, "个苹果,平均分给", children, "个小朋友,每人分", result, "
个,剩下", remain, "个。")
    else:
        print(apple, "个苹果,平均分给", children, " 个小朋友,每人分", result,
"个。")

if __name__ == '__main__':
    try:
        division() # 调用分苹果的函数
    except ZeroDivisionError:
        print("\n 出错了！一个苹果不能被 0 个小朋友分！")
    except ValueError as e:
        print("输入错误：", e)
    else:
        print("分苹果顺利完成...")
```

执行以上代码，将显示如图 9.7 所示的运行结果。

```
请输入苹果的个数：10
请输入来了几个小朋友：5
10 个苹果，平均分给 5  个小朋友，每人分 2 个。
分苹果顺利完成...

Process finished with exit code 0
```

图 9.7　不抛出异常时提示相应信息

9.2.3 try…except…finally 语句

完整的异常处理语句应该包含 finally 代码块，通常情况下，无论程序中有无异常产生，finally 代码块中的代码都会被执行，其语法格式如下：

```
try:
    block1
except [ExceptionName [as alias]]:
    block2
finally:
    block3
```

对于 try…except…finally 语句的理解并不困难，它只是比 try…except 语句多了一个 finally 语句，如果程序中有一些在任何情形中都必须执行的代码，那么就可以将它们放在 finally 代码块中。

说明：使用 except 子句是为了允许处理异常。无论是否引发了异常，使用 finally 子句都可以执行清理代码。如果分配了有限的资源(如打开文件)，则应将释放这些资源的代码放置在 finally 代码块中。

例如，再对实例 02 进行修改，实现当 division()函数在执行时无论是否抛出异常，都输出文字“进行了一次分苹果操作”。修改后的代码如下：

```
def division():
    '"功能：分苹果"'
    apple = int(input("请输入苹果的个数：")) # 输入苹果的数量
    children = int(input("请输入来了几个小朋友："))
    result = apple // children # 计算每人分几个苹果
    remain = apple - result * children # 计算余下几个苹果
    if remain > 0:
        print(apple, "个苹果,平均分给", children, "个小朋友,每人分", result, "
个,剩下", remain, "个。")
    else:
        print(apple, "个苹果,平均分给", children, " 个小朋友,每人分", result,
"个。")

if __name__ == '__main__':
    try:
        division() # 调用分苹果的函数
    except ZeroDivisionError:
        print("\n 出错了！一个苹果不能被 0 个小朋友分！")
    except ValueError as e:
        print("输入错误：", e)
    else:
        print("分苹果顺利完成...")
    finally:
        print("进行了一次分苹果操作。")
```

执行以上程序，将显示如图 9.8 所示的运行结果。

```
请输入苹果的个数：10
请输入来了几个小朋友：5
10 个苹果，平均分给 5  个小朋友，每人分 2 个。
分苹果顺利完成...
进行了一次分苹果操作。

Process finished with exit code 0
```

图 9.8　使用 finally 代码块

9.2.4　使用 raise 语句抛出异常

如果某个函数或方法可能会产生异常，但不想在当前函数或方法中处理这个异常，则可以使用 raise 语句在函数或方法中抛出异常。raise 语句的语法格式如下：

```
raise [ExceptionName[(reason)]]
```

其中，ExceptionName[(reason)] 为可选参数，用于指定抛出的异常名称以及异常信息的相关描述。如果省略，就会把当前的错误原样抛出。

说明：ExceptionName(reason)参数中的“(reason)”也可以省略，如果省略，则在抛出异常时，不附带任何描述信息。

例如，修改实例 02，加入限制苹果数量必须大于或等于小朋友的数量，从而保证每个小朋友都能至少分到一个苹果。

实例 03：模拟幼儿园分苹果(每个人至少分到一个苹果)

在 Pycharm 中创建一个名称为 division_apple_1.py 的文件，然后将实例 02 的代码全部复制到该文件中，并在代码“children = int(input("请输入来了几个小朋友:"))”的下方添加一个 if 语句，实现当苹果的数量小于小朋友的数量时，应用 raise 语句抛出一个 ValueError 异常，接下来再在最后一行语句的下方添加 except 语句处理 ValueError 异常，修改后的代码如下：

扫码观看实例讲解

```
def division():
    '''功能：分苹果'''
    apple = int(input("请输入苹果的个数：")) # 输入苹果的数量
    children = int(input("请输入来了几个小朋友："))
    if apple < children:
        raise ValueError("苹果太少了,不够分...")
    result = apple // children  # 计算每人分几个苹果
    remain = apple - result * children  # 计算余下几个苹果
    if remain > 0:
        print(apple, "个苹果,平均分给", children, "个小朋友,每人分", result, "
个,剩下", remain, "个。")
    else:
        print(apple, "个苹果,平均分给", children, " 个小朋友,每人分", result, "个。")

if __name__ == '__main__':
    try:
```

```
    division()  # 调用分苹果的函数
except ZeroDivisionError:
    print("\n 出错了！一个苹果不能被 0 个小朋友分！")
except ValueError as e:
    print("输入错误：", e)
```

执行程序，输入苹果的数量为 5，小朋友的数量为 10 时，将出现如图 9.9 所示的出错提示。

```
请输入苹果的个数：5
请输入来了几个小朋友：10
输入错误：  苹果太少了，不够分...

Process finished with exit code 0
```

图 9.9 苹果的数量小于小朋友的数量时给出的提示

说明：在应用 raise 抛出异常时，要尽量选择合理的异常对象，而不应该抛出一个与实际内容不相关的异常。例如，在实例 03 中，想要处理的是一个和值有关的异常，这时就不应该抛出一个 IndentationError 异常。

9.3 使用 assert 语句调试程序

在程序开发过程中，免不了会出现一些错误，有语法方面的，也有逻辑方面的。对于语法方面的比较好检测，因为程序会直接停止，并且给出错误提示。而对于逻辑错误，就不太容易发现了，因为程序可能会一直执行下去，但结果是错误的。所以作为一名程序员，掌握一定的程序调试方法，可以说是一项必备技能。Python 提供了 assert 语句来调试程序。assert 的中文意思是断言，它一般用于对程序某个时刻必须满足的条件进行验证。assert 语句的基本语法如下：

```
assert expression [,reason]
```

参数说明：

- expression：条件表达式，如果该表达式的值为真时，什么都不做，如果为假时，则抛出 AssertionError 异常。
- reason：可选参数，用于对判断条件进行描述，为了以后更好的知道哪里出现了问题。

例如，修改实例 01，应用断言判断程序是否会出现苹果不够分的情况，如果不够分，则需要对这种情况进行处理。

实例 04：模拟幼儿园分苹果(应用断言调试)

在 Pycharm 中创建一个名称为 division_apple_dug.py 的文件，然后将实例 01 的代码全部复制到该文件中，并在代码“children = int(input("请输入来了几个小朋友:"))”的下方添加一个 assert 语句，验证苹果的数量是否小于小朋友的数量，修改后的代码如下：

扫码观看实例讲解

```
def division():
 '''功能：分苹果'''
    apple = int(input("请输入苹果的个数：")) # 输入苹果的数量
    children = int(input("请输入来了几个小朋友："))
    assert apple > children
    result = apple // children # 计算每人分几个苹果
     remain = apple - result * children # 计算余下几个苹果
    if remain > 0:
        print(apple, "个苹果，平均分给", children, "个小朋友，每人分", result, "
个，剩下", remain, "个。")
    else:
        print(apple, "个苹果，平均分给", children, " 个小朋友，每人分", result, "个。")

if __name__ == '__main__':
    division() # 调用分苹果的函数
```

执行程序，输入苹果的数量为 5，小朋友的数量为 10 时，将抛出如图 9.10 所示的 AssertionError 异常。

```
请输入苹果的个数：5
请输入来了几个小朋友：10
Traceback (most recent call last):
  File "/Users/burette/PythonCode/chap9/division_apple_dug.py", line 24, in <module>
    division()  # 调用分苹果的函数
  File "/Users/burette/PythonCode/chap9/division_apple_dug.py", line 14, in division
    assert apple > children
AssertionError

Process finished with exit code 1
```

图 9.10　苹果的个数小于小朋友的个数时抛出 AssertionError 异常

通常情况下，assert 语句可以和异常处理语句结合使用。所以，可以将上面的代码修改为以下内容：

```
def division():
 '''功能：分苹果'''
    apple = int(input("请输入苹果的个数：")) # 输入苹果的数量
    children = int(input("请输入来了几个小朋友："))
    assert apple > children , "苹果不够分"
    result = apple // children # 计算每人分几个苹果
    remain = apple - result * children # 计算余下几个苹果
    if remain > 0:
        print(apple, "个苹果，平均分给", children, "个小朋友，每人分", result, "
个，剩下", remain, "个。")
    else:
        print(apple, "个苹果，平均分给", children, " 个小朋友，每人分", result, "个。")

if __name__ == '__main__':
    try:
        division() # 调用分苹果的函数
    except AssertionError as e:
        print("\n 输入有误：", e)
```

这样，再执行程序时就不会直接抛出异常，而是给出如图 9.11 所示的提示。

```
请输入苹果的个数：5
请输入来了几个小朋友：10

输入有误：  苹果不够分

Process finished with exit code 0
```

图 9.11　处理抛出的 AssertionError 异常

9.4　本章小结

本章主要对异常处理语句和常用的程序调试方法进行了详细讲解。在讲解过程中，重点讲解了如何使用异常处理语句捕获和抛出异常，以及如何使用断言语句进行调试。通过学习本章，读者应掌握 Python 语言中异常处理语句的使用，并能根据需要开发的程序进行调试。

第 10 章 文件及目录操作

在变量、序列和对象中存储的数据是暂时的，程序结束后就会丢失。为了能够长时间地保存程序中的数据，需要将程序中的数据保存到磁盘文件中。Python 提供了内置的文件对象和对文件、目录进行操作的内置模块。通过这些技术可以很方便地将数据保存到文件（如文本文件等）中，以达到长时间保存数据的目的。

本章将详细介绍在 Python 中如何进行文件和目录的相关操作。

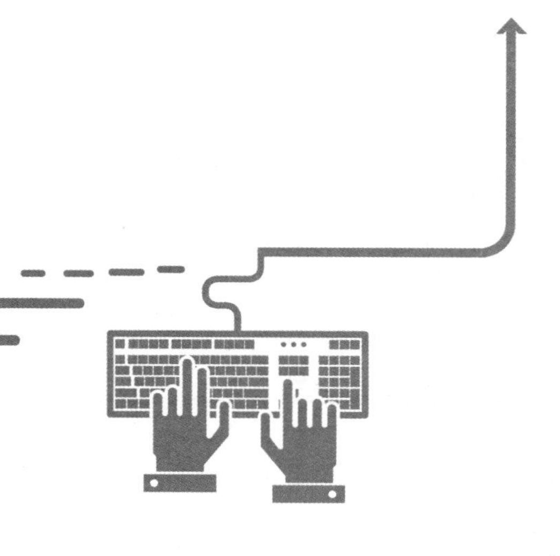

10.1 基本文件操作

在 Python 中，内置了文件(File)对象。在使用文件对象时，首先需要通过内置的 open()方法创建一个文件对象，然后通过该对象提供的方法进行一些基本文件操作。例如，可以使用文件对象的 write()方法向文件中写入内容，以及使用 close()方法关闭文件等。下面将介绍如何应用 Python 的文件对象进行基本文件操作。

10.1.1 创建和打开文件

在 Python 中，想要操作文件，需要先创建或者打开指定的文件并创建文件对象，可以通过内置的 open()函数实现。open()函数的基本语法格式如下：

```
file=open(filename[,mode[,buffering]])
```

参数说明：

- file：被创建的文件对象。
- filename：要创建或打开文件的文件名称，需要使用单引号或双引号括起来。如果要打开的文件和当前文件在同一个目录下，那么直接写文件名即可，否则需要指定完整路径。例如，要打开当前路径下的名称为 status.txt 的文件，可以使用“status.txt”。
- mode：可选参数，用于指定文件的打开模式，其参数值如表 10.1 所示。默认的打开模式为只读(即 r)。

表 10.1 mode 参数的参数值说明

值	说 明	注 意
r	以只读模式打开文件，文件的指针将会放在文件的开头	文件必须存在
rb	以二进制格式打开文件，并且采用只读模式。文件的指针将会放在文件的开头，一般用于非文本文件，如图片、声音等	
r+	打开文件后，可以读取文件内容，也可以写入新的内容覆盖原有内容(从文件开头进行覆盖)	
rb+	以二进制格式打开文件，并且采用读写模式。文件的指针将会放在文件的开头。一般用于非文本文件，如图片、声音等	
w	以只写模式打开文件	文件存在，则将其覆盖，否则创建新文件
wb	以二进制格式打开文件，并且采用只写模式。一般用于非文本文件，如图片、声音等	
w+	打开文件后，先清空原有内容，使其变为一个空的文件，对这个空文件有读写权限	
wb+	以二进制格式打开文件，并且采用读写模式。一般用于非文本文件，如图片、声音等	

续表

值	说　明	注　意
a	以追加模式打开一个文件。如果该文件已经存在，文件指针将放在文件的末尾(即新内容会被写入到已有内容之后)，否则，创建新文件用于写入	
ab	以二进制格式打开文件，并且采用追加模式。如果该文件已经存在，文件指针将放在文件的末尾(即新内容会被写入到已有内容之后)，否则，创建新文件用于写入	
a+	以读写模式打开文件。如果该文件已经存在，文件指针将放在文件的末尾(即新内容会被写入到已有内容之后)，否则，创建新文件用于读写	
ab+	以二进制格式打开文件，并且采用追加模式。如果该文件已经存在，文件指针将放在文件的末尾(即新内容会被写入到已有内容之后)，否则，创建新文件用于读写	

- buffering：可选参数，用于指定读写文件的缓冲模式，值为 0 表达式不缓存；值为 1 表示缓存；如果大于 1，则表示缓冲区的大小。默认为缓存模式。

使用 open()方法可以实现以下几个功能。

1. 打开一个不存在的文件时先创建该文件

在默认的情况下，使用 open()函数打开一个不存在的文件时，会抛出如图 10.1 所示的异常。

```
Traceback (most recent call last):
  File "/Users/burette/PythonCode/chap10/10.1.py", line 11, in <module>
    file = open('status.txt')
FileNotFoundError: [Errno 2] No such file or directory: 'status.txt'

Process finished with exit code 1
```

图 10.1　打开的文件不存在时抛出的异常

要解决如图 10.1 所示的错误，主要有以下两种方法：

- 在当前目录下(即与执行的文件相同的目录)创建一个名称为 status.txt 的文件。
- 在调用 open()函数时，指定 mode 的参数值为 w、w+、a、a+。这样，当要打开的文件不存在时，就可以创建新的文件了。

场景模拟：在蚂蚁庄园的动态栏目中记录着庄园里的新鲜事。现在想要创建一个文件保存这些新鲜事。

实例 01：创建并打开记录蚂蚁庄园动态的文件

在 Pycharm 中创建一个名称为 antmanor_message.py 的文件，然后在该文件中，首先输出一条提示信息，然后再调用 open()函数创建或打开文件，最后再输出一条提示信息，代码如下：

```
print("\n", "=" * 10, "蚂蚁庄园动态", "=" * 10)
file = open('message.txt', 'w')
print("\n 即将显示......\n")
```

扫码观看实例讲解

执行上面的代码，将显示如图 10.2 所示的结果，同时在 antmaner_message.py 文件所在的目录下创建一个名称为 message.txt 的文件，该文件没有任何内容，如图 10.3 所示。

```
========== 蚂蚁庄园动态 ==========

即将显示......


Process finished with exit code 0
```

图 10.2　创建并打开记录蚂蚁庄园动态的文件

```
-rw-r--r--   1 burette  staff    319 Oct  5 02:27 10.1.py
-rw-r--r--   1 burette  staff    249 Oct  5 11:41 antmanor_message.py
-rw-r--r--   1 burette  staff      0 Oct  5 11:41 message.txt
-rw-r--r--@  1 burette  staff  28626 Sep 24 17:17 picture.png
```

图 10.3　创建并打开记录蚂蚁庄园动态的文件

从图 10.3 中可以看出新创建的文件没有任何内容，大小为 0KB。这是因为现在只是创建了一个文件，还没有向文件中写入任何内容。

2. 以二进制形式打开文件

使用 open()函数不仅可以以文本的形式打开文本文件，而且还可以以二进制形式打开非文本文件，如图片文件、音频文件、视频文件等。例如，创建一个名称为 picture.png 的图片文件，如图 10.4 所示，并且应用 open()函数以二进制方式打开该文件。

以二进制方式打开该文件，并输出创建的对象的代码如下：

```
file=open('picture.png', 'rb')#以二进制方式打开图片文件
print(file)#输出创建的对象
```

图 10.4　打开的图片文件

从图 10.5 中可以看出，创建的是一个 BufferedReader 对象。该对象生成后，可以再应用其他的第三方模块进行处理。例如，上面的 BufferedReader 对象是通过打开图片文件实现的。那么就可以将其传入到第三方的图像处理库 PIL 的 Image 模块的 open 方法中，以便于对图片进行处理(如调整大小等)。

```
<_io.BufferedReader name='picture.png'>

Process finished with exit code 0
```

图 10.5　以二进制方式打开图片文件

3. 打开文件时指定编码方式

在使用 open()函数打开文件时，默认采用 GBK 编码，当被打开的文件不是 GBK 编码时，将抛出 Unicode 解码异常的错误。

解决该问题的方法有两种，一种是直接修改文件的编码，另一种是在打开文件时，直接指定使用的编码方式。

10.1.2　关闭文件

打开文件后，需要及时关闭，以免对文件造成不必要的破坏。关闭文件可以使用文件对象的 close()方法实现。close()方法的语法格式如下：

```
file.close()
```

其中，file 为打开的文件对象。

说明：close()方法先刷新缓冲区中还没有写入的信息，然后再关闭文件，这样可以将没有写入到文件的内容写入到文件中。在关闭文件后，便不能再进行写入操作了。

10.1.3　打开文件时使用 with 语句

打开文件后，要及时将其关闭，如果忘记关闭可能会带来意想不到的问题。另外，如果在打开文件时抛出了异常，那么将导致文件不能被及时关闭。为了更好地避免此类问题发生，可以使用 Python 提供的 with 语句，从而实现在处理文件时，无论是否抛出异常，都能保证 with 语句执行完毕后关闭已经打开的文件。with 语句的基本语法格式如下：

```
with expression as target:
    with-body
```

参数说明：

- expression：用于指定一个表达式，这里可以是打开文件的 open()函数。
- target：用于指定一个变量，并且将 expression 的结果保存到该变量中。
- with-body：用于指定 with 语句体，其中可以是执行 with 语句后相关的一些操作语句。如果不想执行任何语句，可以直接使用 pass 语句代替。

10.1.4　写入文件内容

在实例 01 中，虽然创建并打开一个文件，但是该文件中并没有任何内容，它的大小是 0KB。Python 的文件对象提供了 write()方法，可以向文件中写入内容。write()方法的语法格式如下：

```
file.write(string)
```

其中，file 为打开的文件对象；string 为要写入的字符串。

注意：调用 write()方法向文件中写入内容的前提，是在打开文件时，指定的打开模式为 w(可写)或者 a(追加)。

场景模拟：在蚂蚁庄园的动态栏目中记录着庄园里的新鲜事。在给小鸡喂食后，使用了一张加速卡，此时，需要向庄园的动态栏目中写入一条动态。

实例 02：向蚂蚁庄园的动态文件写入一条信息

在 Pycharm 中创建一个名称为 antmanor_message_w.py 的文件，然后在该文件中，首先应用 open()函数以写方式打开一个文件，然后再调用 write()方法向该文件中写入一条动态信息，再调用 close()方法关闭文件，代码如下：

扫码观看实例讲解

```
print("\n", "=" * 10, "蚂蚁庄园动态", "=" * 10)
file = open('message.txt', 'w')  # 创建或打开保存蚂蚁庄园动态信息的文件
# 写入一条动态信息
file.write("你使用了 1 张加速卡,小鸡撸起袖子开始双手吃饲料,进食速度大大加快。\n")
print("\n 写入了一条动态......\n")
file.close()
```

执行上面的代码，将显示如图 10.6 所示的结果，同时在 antmanor_message_w.py 文件所在的目录下创建一个名称为 message.txt 的文件，并且在该文件中写入了文字“你使用了 1 张加速卡，小鸡撸起袖子开始双手吃饲料，进食速度大大加快。”。

```
========== 蚂蚁庄园动态 ==========

写入了一条动态......


Process finished with exit code 0
```

图 10.6　创建并打开记录蚂蚁庄园动态的文件

注意：在写入文件后，一定要调用 close()方法关闭文件，否则写入的内容不会保存到文件中。这是因为当我们在写入文件内容时，操作系统不会立刻把数据写入磁盘，而是先缓存起来，只有调用 close()方法时，操作系统才会保证把没有写入的数据全部写入磁盘。

多学两招：在向文件中写入内容后，如果不想马上关闭文件，也可以调用文件对象提供的 flush()方法，把缓冲区的内容写入文件，这样也能保证数据全部写入磁盘。

向文件中写入内容时，如果打开文件采用 w(写入)模式，则先清空原文件中的内容，再写入新的内容；而如果打开文件采用 a(追加)模式，则不覆盖原有文件的内容，只是在文件的结尾处增加新的内容。下面将对实例 02 的代码进行修改，实现在原动态信息的基础上再添加一条动态信息。修改后的代码如下：

```
print("\n", "=" * 10, "蚂蚁庄园动态", "=" * 10)
file = open('message.txt', 'a')  # 创建或打开保存蚂蚁庄园动态信息的文件
# 写入一条动态信息
file.write("你使用了 1 张加速卡,小鸡撸起袖子开始双手吃饲料,进食速度大大加快。\n")
print("\n 追加了一条动态......\n")
file.close()
```

10.1.5　读取文件

在 Python 中打开文件后，除了可以向其写入或追加内容，还可以读取文件中的内容。读取文件内容主要分为以下几种情况。

1. 读取指定字符

文件对象提供了 read()方法读取指定个数的字符，语法格式如下：

```
file.read([size])
```

参数说明：

- file：为打开的文件对象。
- size：可选参数，用于指定要读取的字符个数，如果省略，则一次性读取所有的内容。

注意： 调用 read()方法读取文件内容的前提是，在打开文件时，指定的打开模式为 r(只读)或者 r+(读写)，否则，将抛出 UnsupportedOperation 的异常。

使用 read(size)方法读取文件时，是从文件的开头读取的。如果想要读取部分内容，可以先使用文件对象的 seek()方法将文件的指针移动到新的位置，然后再应用 read(size)方法读取。seek()方法的基本语法格式如下：

```
file.seek(offset[,whence])
```

参数说明：

- file：表示已经打开的文件对象。
- offset：用于指定移动的字符个数，其具体位置与 whence 参数有关。
- whence：用于指定从什么位置开始计算。值为 0 表示从文件头开始计算，值为 1 表示从当前位置开始计算，值为 2 表示从文件尾开始计算，默认为 0。

注意： 对于 whence 参数，如果在打开文件时，没有使用 b 模式(即 b)，那么只允许从文件头开始计算相对位置。

说明： 在使用 seek()方法时，如果采用 GBK 编码，那么 offset 的值是按一个汉字(包括中文标点符号)占两个字符计算，而采用 UTF-8 编码，则一个汉字占 3 个字符，不过无论采用何种编码，英文和数字都是按一个字符计算的。这与 read(size)方法不同。

场景模拟： 在蚂蚁庄园的动态栏目中记录着庄园里的新鲜事。现在想显示庄园里的动态信息。

实例 03：显示蚂蚁庄园的动态

在 Pycharm 中创建一个名称为 antmanor_message_r.py 的文件，然后在该文件中，首先应用 open()函数以只读方式打开一个文件，然后再调用 read()方法读取全部动态信息，并输出，代码如下：

扫码观看实例讲解

```
print("\n", "=" * 25, "蚂蚁庄园动态", "=" * 25, "\n")
with open('message.txt', 'r') as file:  # 打开保存蚂蚁庄园动态
信息的文件
    message = file.read()  # 读取全部动态信息
```

```
    print(message)  # 输出动态信息
    print("\n", "=" * 29, "over", "=" * 29, "\n")
```

执行上面的代码，将显示如图 10.7 所示的结果。

```
========================= 蚂蚁庄园动态 =========================

你使用了1张加速卡,小鸡撸起袖子开始双手吃饲料,进食速度大大加快。


============================= over =============================


Process finished with exit code 0
```

图 10.7　显示蚂蚁庄园的全部动态

2. 读取一行

在使用 read()方法读取文件时，如果文件很大，一次读取全部内容到内存，容易造成内存不足，所以通常会采用逐行读取。文件对象提供了 readline()方法用于每次读取一行数据。readline()方法的基本语法格式如下：

```
file.readline()
```

其中，file 为打开的文件对象。同 read()方法一样，打开文件时，也需要指定打开模式为 r(只读)或者 r+(读写)。

场景模拟：在蚂蚁庄园的动态栏目中记录着庄园里的新鲜事。现在想显示蚂蚁庄园里的动态信息。

实例 04：逐行显示蚂蚁庄园的动态

在 Pycharm 中创建一个名称为 antmanor_message_rl.py 的文件，然后在该文件中，首先应用 open()函数以只读方式打开一个文件，然后应用 while 语句创建循环，在该循环中调用 readline()方法读取一条动态信息并输出，另外还需要判断内容是否已经读取完毕，如果读取完毕，应用 break 语句跳出循环，代码如下：

```
print("\n", "=" * 35, "蚂蚁庄园动态", "=" * 35, "\n")

# 记录行号
with open('message.txt', 'r') as file:  # 打开保存蚂蚁庄园动态信息的文件
    number = 0
    while True:
        number += 1
        line = file.readline()
        if line == '':
            break  # 跳出循环
        print(number, line, end="\n")
print("\n", "=" * 39, "over", "=" * 39, "\n") # 输出一行内容
```

执行上面的代码，将显示如图 10.8 所示的结果。

```
==================================== 蚂蚁庄园动态 ====================================

1 你使用了1张加速卡，小鸡撸起袖子开始双手吃饲料，进食速度大大加快。

2 mingri的小鸡在你的庄园待了22分钟，吃了6g饲料之后，被你赶走了。

3 你的小鸡在QQ的庄园待了27分钟，吃了 8g饲料被庄园主人赶回来了。

4 你使用了1张加速卡，小鸡撸起袖子开始双手吃饲料，进食速度大大加快。

5 CC来到你的庄园，并提醒你无语的小鸡已经偷吃饲料21分钟，吃掉了6g。你的小鸡拿出了10g饲料奖励给CC。


======================================== over ========================================


Process finished with exit code 0
```

图 10.8　逐行显示蚂蚁庄园的全部动态

3. 读取全部行

读取全部行的作用同调用 read()方法时不指定 size 类似，只不过读取全部行时，返回的是一个字符串列表，每个元素为文件的一行内容。读取全部行，使用的是文件对象的 readlines()方法，其语法格式如下：

```
file.readlines()
```

其中，file 为打开的文件对象。同 read()方法一样，打开文件时，也需要指定打开模式为 r(只读)或者 r+(读写)。

例如，通过 readlines()方法读取实例 03 中的 message.txt 文件，并输出读取结果，代码如下：

```
print("\n", "=" * 35, "蚂蚁庄园动态", "=" * 35, "\n")
with open('message.txt', 'r') as file:  # 打开保存蚂蚁庄园动态信息的文件
    message = file.readlines()
    print(message)
print("\n", "=" * 39, "over", "=" * 39, "\n")  # 输出一行内容
```

执行上面的代码，将显示如图 10.9 所示的运行结果。

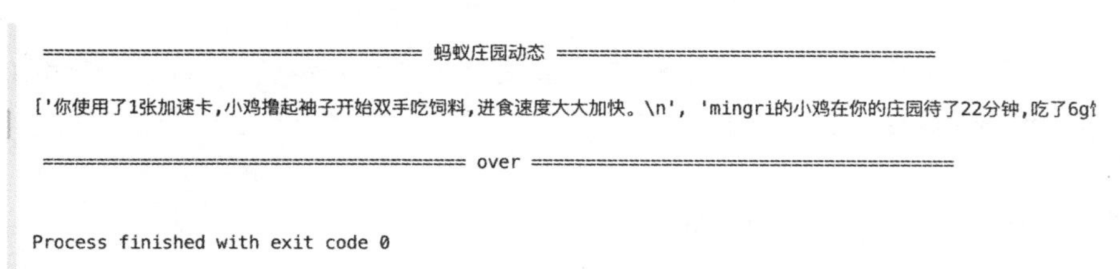
```
==================================== 蚂蚁庄园动态 ====================================

['你使用了1张加速卡，小鸡撸起袖子开始双手吃饲料，进食速度大大加快。\n', 'mingri的小鸡在你的庄园待了22分钟，吃了6g

======================================== over ========================================


Process finished with exit code 0
```

图 10.9　readlines()方法的返回结果

从该运行结果中可以看出 readlines()方法的返回值为一个字符串列表。在这个字符串列表中，每个元素记录一行内容。如果文件比较大时，采用这种方法输出读取的文件内容会很慢。这时可以将列表的内容逐行输出。例如，下面的代码可以修改为以下内容：

```
print("\n", "=" * 35, "蚂蚁庄园动态", "=" * 35, "\n")
with open('message.txt', 'r') as file:  # 打开保存蚂蚁庄园动态信息的文件
    messageall = file.readlines()
```

```
    for message in messageall:
        print(message)
print("\n", "=" * 39, "over", "=" * 39, "\n")  # 输出一行内容
```

执行结果如图 10.10 所示。

```
==================================== 蚂蚁庄园动态 ====================================

你使用了1张加速卡,小鸡撸起袖子开始双手吃饲料,进食速度大大加快。

mingri的小鸡在你的庄园待了22分钟,吃了6g饲料之后,被你赶走了。

你的小鸡在QQ的庄园待了27分钟,吃了 8g饲料被庄园主人赶回来了。

你使用了1张加速卡,小鸡撸起袖子开始双手吃饲料,进食速度大大加快。

CC来到你的庄园,并提醒你无语的小鸡已经偷吃饲料21分钟,吃掉了6g。你的小鸡拿出了10g饲料奖励给CC。


======================================= over =======================================


Process finished with exit code 0
```

图 10.10　应用 readlines()方法并逐行输出动态信息

10.2　目录操作

目录也称文件夹，用于分层保存文件。通过目录可以分门别类地存放文件。我们也可以通过目录快速找到想要的文件。在 Python 中，并没有提供直接操作目录的函数或者对象，而是需要使用内置的 os 和 os.path 模块实现。

说明： os 模块是 Python 内置的与操作系统功能和文件系统相关的模块。该模块中的语句的执行结果通常与操作系统有关，在不同的操作系统上运行，可能会得到不一样的结果。

常用的目录操作主要有判断目录是否存在、创建目录、删除目录和遍历目录等，本节将详细介绍。

说明： 本章的内容都是以 MacOS 操作系统为例进行介绍的，所以代码的执行结果也都是在 MacOS 操作系统下显示的。

10.2.1　os 和 os.path 模块

在 Python 中，内置了 os 模块及其子模块 os.path 用于对目录或文件进行操作。在使用 os 模块或者 os.path 模块时，需要先应用 import 语句将其导入，然后才可以应用它们提供的函数或者变量。

导入 os 模块可以使用下面的代码：

```
import os
```

说明： 导入 os 模块后，也可以使用其子模块 os.path。

导入 os 模块后，可以使用该模块提供的通用变量获取与系统有关的信息。常用的变量有以下几个。

(1) name：用于获取操作系统类型。

例如，在 MacOS 操作系统下输出 os.name，将显示如图 10.11 所示的结果。

```
posix

Process finished with exit code 0
```

图 10.11　显示 os.name 的结果

说明： 如果 os.name 的输出结果为 nt，则表示是 Windows 操作系统；如果是 posix，则表示是 Linux、Unix 或 MacOS 操作系统。

(2) linesep：用于获取当前操作系统上的换行符。

例如，在 MacOS 操作系统下输出 os.linesep，将显示如图 10.12 所示的结果。

```
In[2]: import os
In[3]: os.linesep
Out[3]: '\n'
```

图 10.12　显示 os.linesep 的结果

(3) sep：用于获取当前操作系统所使用的路径分隔符。

例如，在 MacOS 操作系统下输出 os.sep，将显示如图 10.13 所示的结果。

```
In[4]: os.sep
Out[4]: '/'
```

图 10.13　显示 os.sep 的结果

os 模块还提供了一些操作目录的函数，如表 10.2 所示。

表 10.2　os 模块提供的与目录相关的函数

函　数	说　明
getcwd()	返回当前的工作目录
listdir(path)	返回指定路径下的文件和目录信息
mkdir(path [,mode])	创建目录
makedirs(path1/path2...[,mode])	创建多级目录
rmdir(path)	删除目录
removedirs(path1/path2...*)	删除多级目录
chdir (path)	把 path 设置为当前工作目录
walk(top[,topdown[,onerror]])	遍历目录树，该方法返回一个元组，包括所有路径名、所有目录列表和文件列表 3 个元素

os.path 模块也提供了一些操作目录的函数，如表 10.3 所示。

表 10.3 os.path 模块提供的与目录相关的函数

函 数	说 明
abspath(path)	用于获取文件或目录的绝对路径
exists(path)	用于判断目录或者文件是否存在，如果存在则返回 True，否则返回 False
join(path,name)	将目录与目录或者文件名拼接起来
splitext()	分离文件名和扩展名
basename(path)	从一个目录中提取文件名
dirname(path)	从一个路径中提取文件路径，不包括文件名
isdir(path)	用于判断是否为有效路径

10.2.2 路径

用于定位一个文件或者目录的字符串被称为一个路径。在程序开发时，通常涉及两种路径，一种是相对路径，另一种是绝对路径。

1. 相对路径

在学习相对路径之前，需要先了解什么是当前工作目录。当前工作目录是指当前文件所在的目录。在 Python 中，可以通过 os 模块提供的 getcwd()函数获取当前工作目录。例如，编写以下代码：

```
import os
print(os.getcwd())    # 输出当前目录
```

执行上面的代码后，将显示以下目录，该路径就是当前工作目录：

```
/Users/burette/PythonCode/chap10
```

相对路径就是依赖于当前工作目录的。如果在当前工作目录下，有一个名称为 message.txt 的文件，那么在打开这个文件时，就可以直接写上文件名，这时采用的就是相对路径，message.txt 文件的实际路径就是当前工作目录/Users/burette/PythonCode/ chap10+相对路径 message.txt，即/Users/burette/PythonCode/chap10/message.txt。

如果在当前工作目录下，有一个子目录 demo，并且在该子目录下保存着文件 message.txt，那么在打开这个文件时就可以写上 demo/message.txt，例如下面的代码：

```
with open("demo/message.txt") as file:
    pass
```

说明：在 Python 中，指定文件路径时需要对路径分隔符“\”进行转义，即将路径中的“\”替换为“\\”。例如对于相对路径“demo\message.txt”需要使用“dem\\message.txt”代替。另外，也可以将路径分隔符“\”采用“/”代替。

多学两招：在指定文件路径时，也可以在表示路径的字符串前面加上字母 r(或 R)，那么该字符串将原样输出，这时路径中的分隔符就不需要再转义了。例如，上面的代码也可以修改为以下内容：

```
with open(r"demo/message.txt") as file:    #通过相对路径打开文件
    pass
```

2. 绝对路径

绝对路径是指在使用文件时指定文件的实际路径。它不依赖于当前工作目录。在 Python 中，可以通过 os.path 模块提供的 abspath()函数获取一个文件的绝对路径。abspath()函数的基本语法格式如下：

```
os.path.abspath(path)
```

其中，path 为要获取绝对路径的相对路径，可以是文件也可以是目录。

例如，要获取相对路径“demo/message.txt”的绝对路径，可以使用下面的代码：

```
import os
print(os.path.abspath(r"demo/message.txt"))
```

3. 拼接路径

如果想要将两个或者多个路径拼接到一起组成一个新的路径，可以使用 os.path 模块提供的 join()函数实现。join()函数的基本语法格式如下：

```
os.path.join(path1[,path2[,. ])
```

其中，path1、path2 用于代表要拼接的文件路径，这些路径间使用逗号进行分隔。如果在要拼接的路径中，没有一个绝对路径，那么最后拼接出来的将是一个相对路径。

注意： 使用 os.path.join()函数拼接路径时，并不会检测该路径是否真实存在。

10.2.3　判断目录是否存在

在 Python 中，有时需要判断给定的目录是否存在，这时可以使用 os.path 模块提供的 exists()函数实现。exists()函数的基本语法格式如下：

```
os.path.exists(path)
```

其中，path 为要判断的目录，可以采用绝对路径，也可以采用相对路径。

返回值：如果给定的路径存在，则返回 True，否则返回 False。

例如，要判断绝对路径/Users/burette/PythonCode/chap10/demo 是否存在，可以使用下面的代码：

```
import os
print(os.path.exists("/Users/burette/PythonCode/chap10/demo"))
```

执行上面的代码，如果在/Users/burette/PythonCode/chap10 目录下没有 demo 子目录，则返回 False，否则返回 True。

说明： os.path.exists()函数除了可以判断目录是否存在外，还可以判断文件是否存在。

10.2.4　创建目录

在 Python 中，os 模块提供了两个创建目录的函数，一个用于创建一级目录，另一个

用于创建多级目录。

1. 创建一级目录

创建一级目录是指一次只能创建一级目录。在 Python 中，可以使用 os 模块提供的 mkdir()函数实现。通过该函数只能创建指定路径中的最后一级目录，如果该目录的上一级不存在，则抛出 FileNotFoundEror 异常。mkdir()函数的基本语法格式如下：

```
os.mkdir(path, mode=0o777)
```

参数说明：

- path：用于指定要创建的目录，可以使用绝对路径，也可以使用相对路径。
- mode：用于指定数值模式，默认值为 0o777。该参数在非 UNIX 系统上无效或被忽略。

例如，在 MacOS 系统上创建一个/Users/burette/PythonCode/chap10/demo 目录，可以使用下面的代码：

```
import os
os.mkdir("/Users/burette/PythonCode/chap10/demo")
```

执行下面的代码后，将在/Users/burette/PythonCode/chap10 目录下创建一个 demo 目录。如图 10.14 所示。

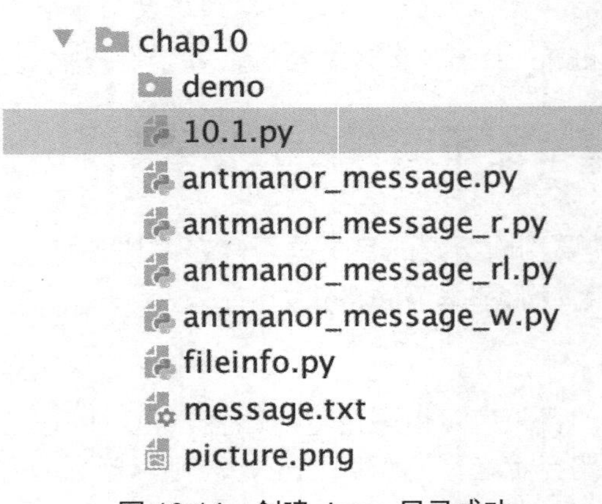

图 10.14 创建 demo 目录成功

注意：如果指定的目录有多级，而且最后一级的上级目录中有不存在的，则会抛出 FileNotFoundError 异常，并且目录创建不成功。要解决该问题，有两种方法，一种是使用创建多级目录的方法(将在后面进行介绍)。另一种是编写递归函数，调用 os.mkdir()函数实现。

2. 创建多级目录

使用 mkdir()函数只能创建一级目录，如果想创建多级目录，可以使用 os 模块提供的 makedirs()函数，该函数用于采用递归的方式创建目录。makedirs()函数的基本语法格式如下：

```
os.makedirs(name, mode=0o777)
```

参数说明：

- name：用于指定要创建的目录，可以使用绝对路径，也可以使用相对路径。
- mode：用于指定数值模式，默认值为 0o777。该参数在非 UNIX 系统上无效或被忽略。

例如，在 MacOS 系统上，在刚刚创建的/Users/burette/PythonCode/chap10/demo 目录下，再创建子目录 test/dir/mr(对应的目录为：/Users/burette/PythonCode/chap10/demo/test/dir/mr/)，可以使用下面的代码：

```
import os
os.mkdirs("/Users/burette/PythonCode/chap10/demo/test/dir/mr")
```

执行上面的代码后，将在 demo 目录下创建子目录 test，并且在 test 目录下创建子目录 dir，在 dir 目录下创建子目录 mr，目录结构如图 10.15 所示。

图 10.15 创建多级目录的结果

10.2.5 删除目录

删除目录可以通过使用 os 模块提供的 rmdir()函数实现。通过 rmdir()函数删除目录时，只有当要删除的目录为空时才起作用。rmdir()函数的基本语法格式如下：

```
os.rmdir(path)
```

其中，path 为要删除的目录，既可以使用相对路径，也可以使用绝对路径。

例如，要删除创建的/Users/burette/PythonCode/chap10/demo 目录，可以使用下面的代码：

```
import os
os.rmdir("/Users/burette/PythonCode/chap10/demo")
```

执行上面的代码后，将会删除/Users/burette/PythonCode/chap10/目录下的 demo 目录。

注意：如果要删除的目录不存在，那么将抛出“FileNotFoundError: [WinError 2] 系统找不到指定的文件”异常。因此，在执行 os.rmdir()函数前，建议先判断该路径是否存在，可以使用 os.path.exists()函数判断。具体代码如下：

```
import os

path = "/Users/burette/PythonCode/chap10/demo"  # 指定要创建的目录
if os.path.exists(path):  # 判断目录是否存在
    os.rmdir(path)  # 删除目录
    print("目录删除成功!")
else:
    print("该目录不存在!")
```

多学两招：使用 rmdir()函数只能删除空的目录，如果想要删除非空目录，则需要使用 Python 内置的标准模块 shutil 的 rmtree()函数实现。

10.2.6 遍历目录

遍历在汉语中的意思是全部走遍，到处周游。在 Python 中，遍历是将指定的目录下的全部目录(包括子目录)及文件访问一遍。在 Python 中，os 模块的 walk()函数用于实现遍历目录的功能。walk()函数的基本语法格式如下：

```
os.walk(top[, topdown][, onerror][, followlinks])
```

参数说明：

- top：用于指定要遍历内容的根目录。
- topdown：可选参数，用于指定遍历的顺序，如果值为 True，表示自上而下遍历(即先遍历根目录)；如果值为 False，表示自下而上遍历(即先遍历最后一级子目录)。默认值为 True。
- onerror：可选参数，用于指定错误处理方式，默认为忽略，如果不想忽略也可以指定一个错误处理函数。通常情况下采用默认设置。
- followlinks：可选参数，默认情况下，walk()函数不会向下转换成解析到目录的符号链接，将该参数值设置为 True，表示用于指定在支持的系统上访问由符号链接指向的目录。
- 返回值：返回一个包括 3 个元素(dirpath, dirmames, filenames)的元组生成器对象。其中，dirpath 表示当前遍历的路径，是一个字符串；dirnames 表示当前路径下包含的子目录，是一个列表；filenames 表示当前路径下包含的文件，也是一个列表。

例如，要遍历指定目录/Users/burette/PythonCode/chap10，可以使用下面的代码：

```
import os

tuples = os.walk("/Users/burette/PythonCode/chap10")
for tuple1 in tuples:
    print(tuple1, "\n")
```

执行上面的代码，将显示如图 10.16 所示的结果。

```
('/Users/burette/PythonCode/chap10', [], ['antmanor_message_rl.py', '10.1.py', 'message.txt',

Process finished with exit code 0
```

图 10.16　遍历指定目录的结果

注意： walk()函数只在 UNIX 系统和 Windows 系统中有效。

10.3　高级文件操作

Python 内置的 os 模块除了可以对目录进行操作外，还可以对文件进行一些高级操作，具体函数如表 10.4 所示。

表 10.4　os 模块提供的与文件相关的函数

函　数	说　明
access(path,accessmode)	获取对文件是否有指定的访问权限(读取/写入/执行权限)。accessmode 的值是 R_OK(读取)、W_OK(写入)、X_OK(执行)或 F_OK(存在)。如果有指定的权限，则返回 1，否则返回 0
chmod(path,mode)	修改 path 指定文件的访问权限
remove(path)	删除 path 指定的文件路径
rename(src,dst)	将文件或目录 src 重命名为 dst
stat(path)	返回 path 指定文件的信息
startfile(path [, operation])	使用关联的应用程序打开 path 指定的文件

下面将对常用的操作进行详细介绍。

10.3.1　删除文件

Python 没有内置删除文件的函数，但是在内置的 os 模块中提供了删除文件的函数 remove()，该函数的基本语法格式如下：

```
os.remove(path)
```

其中，path 为要删除的文件路径，既可以使用相对路径，也可以使用绝对路径。

例如，要删除当前工作目录下的 test.txt 文件，可以使用下面的代码：

```
import os  # 导入 os 模块
os.remove("test.txt")  # 删除当前工作目录下的 test.txt 文件
```

执行上面的代码后，如果在当前工作目录下存在 test.txt 文件，即可将其删除，否则将显示如图 10.17 所示的异常。

```
Traceback (most recent call last):
  File "/Users/burette/PythonCode/chap10/10.1.py", line 22, in <module>
    os.remove("test.txt")  # 删除当前工作目录下的test.txt文件
FileNotFoundError: [Errno 2] No such file or directory: 'test.txt'

Process finished with exit code 1
```

图 10.17 要删除的文件不存在时显示的异常

为了屏蔽以上异常，可以在删除文件时，先判断文件是否存在，只有存在时才执行删除操作。具体代码如下：

```
import os  # 导入 os 模块
path = "test.txt"  # 要删除的文件
if os.path.exists(path):  # 判断文件是否存在
    os.remove(path)  # 删除文件
    print("文件删除完毕!")
```

执行上面的代码，如果 test.txt 不存在，则显示以下内容：

```
文件不存在!
```

否则将显示以下内容，同时文件将被删除：

```
文件删除完毕!
```

10.3.2 重命名文件和目录

os 模块提供了重命名文件和目录的函数 rename()，如果指定的路径是文件的，则重命名文件，如果指定的路径是目录，则重命名目录。rename()函数的基本语法格式如下：

```
os.rename(src, dst)
```

其中，src 用于指定要进行重命名的目录或文件；dst 用于指定重命名后的目录或者文件。

同删除文件一样，在进行文件或目录重命名时，如果指定的目录或文件不存在，也将抛出 FileNotFoundError 异常，所以在进行文件或目录重命名时，也建议先判断文件或目录是否存在，只有存在时才进行重命名操作。

例如，想要将“/Users/burette/PythonCode/chap10/test.txt”文件重命名为/Users/burette/PythonCode/chap10/mr.txt，可以使用下面的代码：

```
import os  # 导入 os 模块

src = "/Users/burette/PythonCode/chap10/test.txt"  # 要重命名的文件
dst = "/Users/burette/PythonCode/chap10/mr.txt"  # 重命名的文件
os.rename(src, dst)  # 重命名文件
if os.path.exists(src):  # 判断文件是否存在
    os.rename(src, dst)  # 重命名文件
    print("文件重命名完毕!")
else:
    print("文件不存在!")
```

执行上面的代码，如果/Users/burette/PythonCode/chap10/test.txt 文件不存在，则显示以下内容：

```
文件不存在！
```

否则将显示以下内容，同时文件被重命名：

```
文件重命名完毕！
```

使用 rename()函数重命名目录与命名文件基本相同，只要把原来的文件路径替换为目录即可。例如，想要将当前目录下的 demo 目录重命名为 test，可以使用下面的代码：

```
import os  # 导入 os 模块

src = "demo"  # 重命名的当前目录下的 demo
dst = "test"  # 重命名为 test
if os.path.exists(src):
    os.rename(src, dst)
    print("目录重命名完毕！")
else:
    print("目录不存在！")
```

10.3.3 获取文件基本信息

在计算机上创建文件后，该文件本身就会包含一些信息。例如，文件的最后一次访问时间、最后一次修改时间、文件大小等基本信息。通过 os 模块的 stat()函数可以获取到文件的这些基本信息。stat()函数的基本语法如下：

```
os.stat(path)
```

其中，path 为要获取文件基本信息的文件路径，既可以是相对路径，也可以是绝对路径。

stat()函数的返回值是一个对象，该对象包含如表 10.5 所示的属性。通过访问这些属性可以获取文件的基本信息。

表 10.5 stat()函数返回的对象的常用属性

属 性	说 明
st_mode	保护模式
st_dev	设备名
st_ino	索引号
st_uid	用户 ID
st_nlink	硬链接号(被连接数目)
st_gid	组 ID
st_size	文件大小，单位为字节
st_atime	最后一次访问时间
st_mtime	最后一次修改时间
st_ctime	最后一次状态变化的时间(系统不同返回结果也不同)

下面通过一个具体的实例演示如何使用 stat()函数获取文件的基本信息。

实例 05：获取文件基本信息

在 Pycharm 中创建一个名称为 fileinfo.py 的文件，首先在该文件中导入 os 模块，然后调用 os 模块的 stat()函数获取文件的基本信息，最后输出文件的基本信息，代码如下：

```
import os  # 导入os模块

fileinfo = os.stat("picture.png")  # 获取文件的基本信息
print("文件完整路径：", os.path.abspath("picture.png"))
# 获取文件的完整数路径
# 输出文件的基本信息
print("索引号：", fileinfo.st_ino)
print("设备名：", fileinfo.st_dev)
print("文件大小：", fileinfo.st_size, " 字节")
print("最后一次访问时间：", fileinfo.st_atime)
print("最后一次修改时间:", fileinfo.st_mtime)
print("最后一次状态变化时间：", fileinfo.st_ctime)
```

扫码观看实例讲解

运行上面的代码，将显示如图 10.18 所示的结果。

```
文件完整路径： /Users/burette/PythonCode/chap10/picture.png
索引号： 34410297
设备名： 16777223
文件大小： 28626  字节
最后一次访问时间： 1600939063.0483482
最后一次修改时间: 1600939062.0356903
最后一次状态变化时间： 1600939062.0356903

Process finished with exit code 0
```

图 10.18　获取并显示文件的基本信息

10.4　本 章 小 结

本章首先介绍了如何应用 Python 自带的函数进行基本文件操作，然后介绍了如何应用 Python 内置的 os 模块及其子模块 os.path 进行目录相关的操作，最后又介绍了如何应用 os 模块进行高级文件操作，例如删除文件、重命名文件和目录，以及获取文件基本信息等。本章介绍的这些内容都是 Python 中进行文件操作的基础，在实际开发中，为了实现更为高级的功能，通常会借助其他的模块。例如，要进行文件压缩和解压缩，可以使用 shutil 模块。这些内容本章中没有涉及，读者可以在掌握了本章介绍的内容后，自行查找相关学习资源。

第 11 章 数据库编程

程序运行的时候，数据都是在内存中的。当程序终止的时候，通常都需要将数据保存到磁盘上，前面我们学习了将数据写入文件，保存在磁盘上。为了便于程序保存和读取数据，并能直接通过条件快速查询到指定的数据，数据库(Database)这种专门用于集中存储和查询的软件应运而生。本章将介绍数据库编程接口的知识，以及使用 SQLite 和 MySQL 存储数据的方法。

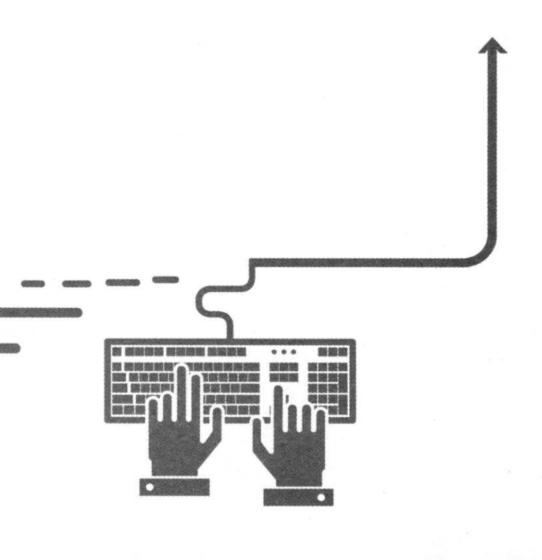

11.1 数据库编程接口

在项目开发中，数据库应用必不可少。虽然数据库的种类有很多，如 SQLite、MySQL、Oracle 等，但是它们的功能基本都是一样的，为了对数据库进行统一的操作，大多数语言都提供了简单的、标准化的数据库接口(API)。在 Python Database API 2.0 规范中，定义了 Python 数据库 API 接口的各个部分，如模块接口、连接对象、游标对象、类型对象和构造器、DB API 的可选扩展以及可选的错误处理机制等。下面重点介绍一下数据库 API 接口中的连接对象和游标对象。

11.1.1 连接对象

数据库连接对象(Connection Object)主要提供获取数据库游标对象和提交、回滚事务的方法，以及关闭数据库连接。

1. 获取连接对象

如何获取连接对象呢？这就需要使用 connect()函数。该函数有多个参数，具体使用哪一个参数，取决于使用的数据库类型。例如，需要访问 Oracle 数据库和 MySQL 数据库，则必须同时下载 Oracle 和 MySQL 数据库模块。这些模块在获取连接对象时，都需要使用 connect()函数。connect()函数常用的参数及说明如表 11.1 所示。

表 11.1 connect()函数常用的参数及说明

参 数	说 明
dsn	数据源名称，给出该参数表示数据库依赖
user	用户名
password	用户密码
host	主机名
database	数据库名称

例如，使用 PyMySQL 模块连接 MySQL 数据库，示例代码如下：

```
conn = pymysql.connect(host='localhost',
                       user='user',
                       password='passwd',
                       db='test',
                       charset='utf8',
                       conn=cursorclass = pymysql.cursors.DictCursor)
```

说明：上述代码中，pymysql.connect()使用的参数与表 11.1 中并不完全相同。在使用时，要以具体的数据库模块为准。

2. 连接对象的方法

connect()函数返回连接对象。这个对象表示目前和数据库的会话，连接对象支持的方法如表 11.2 所示。

表 12.2　连接对象方法

方 法 名	说　明
close()	关闭数据库连接
commit()	提交事务
rollback()	回滚事务
cursor()	获取游标对象，操作数据库，如执行 DML 操作，调用存储过程等

commit()方法用于提交事务，事务主要用于处理数据量大、复杂度高的数据。如果操作的是一系列的动作，比如张三给李四转账，有如下两个操作：

- 张三账户金额减少。
- 李四账户金额增加。

这时使用事务可以维护数据库的完整性，保证两个操作要么全部执行，要么全部不执行。

11.1.2　游标对象

游标对象(Cursor Object)代表数据库中的游标，用于指示抓取数据操作的上下文，主要提供执行 SQL 语句、调用存储过程、获取查询结果等方法。

如何获取游标对象呢？通过使用连接对象的 cursor()方法，可以获取到游标对象。游标对象的属性如下所示。

- description：数据库列类型和值的描述信息。
- rowcount：返回结果的行数统计信息，如 SELECT、UPDATE、CALLPROC 等。

游标对象的方法如表 11.3 所示。

表 11.3　游标对象的方法

方 法 名	说　明
callproc(procname[，parameters])	调用存储过程，需要数据库支持
close()	关闭当前游标
execute(operation[，parameters])	执行数据库操作，SQL 语句或者数据库命令
executemany(operation，seq_of_params)	用于批量操作，如批量更新
fetchone()	获取查询结果集中的下一条记录
fetchmany(size)	获取指定数量的记录
fetchall()	获取结果集的所有记录
nextset()	跳至下一个可用的结果集
arraysize	指定使用 fetchmany()获取的行数，默认为 1
setinputsizes(sizes)	设置在调用 execute*()方法时分配的内存区域大小
setoutputsize(sizes)	设置列缓冲区大小，对大数据列(如 LONGS 和 BLOBS)尤其有用

11.2　使用 SQLite

与许多其他数据库管理系统不同，SQLite 不是一个客户端/服务器结构的数据库引

擎，而是一种嵌入式数据库，它的数据库就是一个文件。SQLite 将整个数据库，包括定义、表、索引以及数据本身，作为一个单独的、可跨平台使用的文件存储在主机中。由于 SQLite 本身是用 C 语言写的，而且体积很小，所以，经常被集成到各种应用程序中。Python 就内置了 SQLite 3，所以在 Python 中使用 SQLite，不需要安装任何模块，可直接使用。

11.2.1 创建数据库文件

由于 Python 中已经内置了 SQLite 3，所以可以直接使用 import 语句导入 SQLite 3 模块。Python 操作数据库的通用的流程如图 11.1 所示。

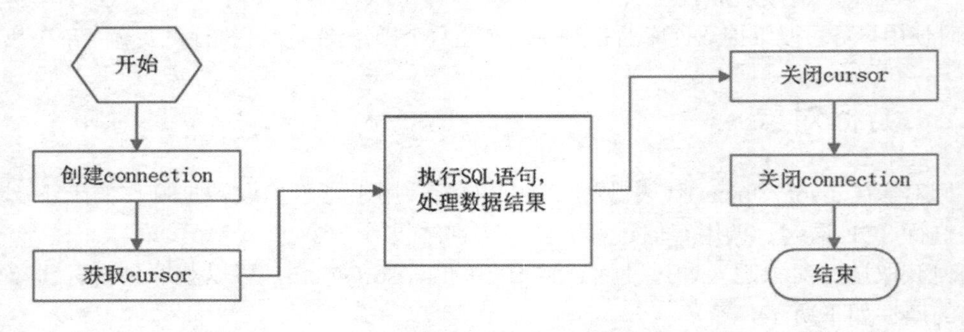

图 11.1 操作数据库流程

实例 01：创建 SQLite 数据库文件

创建一个 baidu.db 的数据库文件，然后执行 SQL 语句创建一个 user(用户表)，user 表包含 id 和 name 两个字段。具体代码如下：

扫码观看实例讲解

```
import sqlite3

# 连接到 SQLite 数据库
# 数据库文件是 baidu.db,如果文件不存在,会自动在当前目录创建
conn = sqlite3.connect('baidu.db')
# 创建一个 Cursor
cursor = conn.cursor()
# 执行一条 SQL 语句,创建 user 表
cursor.execute('create table user (id int(10) primary key, name
varchar(20))')
# 关闭游标
cursor.close()
# 关闭 Connection
conn.close()
```

上述代码中，使用 sqlite3.connect()方法连接 SQLite 数据库文件 baidu.db，由于 baidu.db 文件并不存在，所以会在本实例 Python 代码同级目录下创建 baidu.db 文件，该文件包含了 user 表的相关信息。

11.2.2　操作 SQLite

1. 新增用户数据信息

为了向数据表中新增数据，可以使用如下 SQL 语句：

```
insert into 表名(字段名1,字段名2,...,字段名n) values(字段值1,字段值2,...,字段值n)
```

在 user 表中，有两个字段，字段名分别为 id 和 name。而字段值需要根据字段的数据类型来赋值，如 id 是一个长度为 10 的整型，name 是长度为 20 的字符串型数据。向 user 表中插入 3 条用户信息记录，则 SQL 语句如下：

```
cursor.execute('insert into user(id,name)values("1","Baidu")')
cursor.execute('insert into user(id,name)values("2","Andy")')
cursor.execute('insert into user(id,name)values("3","A")')
```

下面通过一个实例介绍向 SQLite 数据库中插入数据的流程。

实例 02：新增用户数据信息

由于在实例 01 中已经创建了 user 表，所以本实例可以直接操作 user 表，向 user 表中插入 3 条用户信息。此外，由于是新增数据，需要使用 commit()方法提交事务。因为对于增加、修改和删除操作，使用 commit()方法提交事务后，如果相应操作失败，可以使用 rollback()方法回滚到操作之前的状态。新增用户数据信息的具体代码如下：

扫码观看实例讲解

```
import sqlite3

# 连接到 SQLite 数据库
# 数据库文件是 baidu.db
# 如果文件不存在,会自动在当前目录创建

conn = sqlite3.connect('baidu.db')
# 创建一个 Cursor
cursor = conn.cursor()
# 执行一条 SQL 语句,插入一条记录
cursor.execute('insert into user (id, name) values ("1", "Baidu")')
cursor.execute('insert into user (id, name) values ("2", "Andy")')
cursor.execute('insert into user (id, name) values ("3", "百度科技小助手")')
# 关闭游标
cursor.close()
# 提交事务
conn.commit()
# 关闭 Connection
conn.close()
```

运行该实例，会向 user 表中插入 3 条记录。

2. 查看用户数据信息

查找 user 表中的数据可以使用如下 SQL 语句：

```
select 字段名 1,字段名 2,字段名 3,from 表名 where 查询条件
```

查看用户信息的代码与插入数据信息大致相同，不同点在于使用的 SQL 语句不同。此外，查询数据时通常使用如下 3 种方式。

- fetchone()：获取查询结果集中的下一条记录。
- fetchmany(size)：获取指定数量的记录。
- fetchall()：获取结果集的所有记录。

下面通过一个实例来学习这 3 种查询方式的区别。

实例 03：使用 3 种方式查询用户数据信息

分别使用 fetchone、fetchmany 和 fetchall 这 3 种方式查询用户信息，具体代码如下：

扫码观看实例讲解

```
import sqlite3

# 连接到 SQLite 数据库,数据库文件是 baidu.db
conn = sqlite3.connect('baidu.db')
# 创建一个 Cursor
cursor = conn.cursor()
# 执行查询语句
cursor.execute('select * from user')
# 获取查询结果
result1 = cursor.fetchone()
print(result1)

# 关闭游标
cursor.close()
# 关闭 Connection
conn.close()
```

使用 fetchone()方法返回的 result1 为一个元组，执行结果如下：

```
(1,Baidu)
```

(1) 修改实例 03 代码，将获取查询结果的语句块代码修改为：

```
result2 = cursor.fetchmany(2).  #使用 fetchmany 方法查询多条数据
print(result2)
```

使用 fetchmany()方法传递一个参数，其值为 2，默认为 1。返回的 result2 为一个列表，列表中包含两个元组，运行结果如下：

```
[(1,'Baidu'),(2,'Andy')]
```

(2) 修改实例 03 代码，将获取查询结果的语句块代码修改为：

```
result3 = cursor.fetchall()      #使用 fetchmany 方法查询多条数据
print(result3)
```

使用 fetchall()方法返回的 result3 为一个列表，列表中包含所有 user 表中数据组成的元组，运行结果如下：

```
[(1,'Baidu'),(2,'Andy'),(3,'百度科技小助手')]
```

(3) 修改实例 03 代码，将获取查询结果的语句块代码修改为：

```
cursor.execute('select * from user where id > ?', (1,))
result3 = cursor.fetchall()
print(result3)
```

在 select 查询语句中，使用问号作为占位符代替具体的数值，然后使用一个元组来替换问号(注意，不要忽略元组中最后的逗号)。上述查询语句等价于：

```
cursor.execute('select * from user where id > 1')
```

执行结果如下：

```
[(2,'Andy'),(3,'百度科技小助手')]
```

说明： 使用占位符的方式可以避免 SQL 注入的风险，推荐使用这种方式。

3. 修改用户数据信息

修改 user 表中的数据可以使用如下 SQL 语句：

```
update 表名 set 字段名 = 字段值 where 查询条件
```

下面通过一个实例来学习如何修改表中数据。

实例 04：修改用户数据信息

将 SQLite 数据库中 user 表 ID 为 1 的数据 name 字段值“baidu”修改为“BD”，并使用 fetchAll 获取表中的所有数据。具体代码如下：

扫码观看实例讲解

```
import sqlite3

# 连接到 SQLite 数据库,数据库文件是 baidu.db
conn = sqlite3.connect('baidu.db')
# 创建一个 Cursor:
cursor = conn.cursor()
cursor.execute('update user set name = ? where id = ?', ('BD', 1))
cursor.execute('select * from user')
result = cursor.fetchall()
print(result)

# 关闭游标
cursor.close()
# 提交事务
conn.commit()
# 关闭 Connection:
conn.close()
```

执行结果如下：

```
[(1, 'BD'),(2,'Andy'),(3,'百度科技小助手')]
```

4. 删除用户数据信息

查找 user 表中的数据可以使用如下 SQL 语句：

```
delete from 表名 where 查询条件
```

下面通过一个实例来学习如何删除表中的数据。

实例 05：删除用户数据信息

将 SQLite 数据库中 user 表 ID 为 1 的数据删除，并使用 fetchAll 获取表中的所有数据，查看删除后的结果。具体代码如下：

扫码观看实例讲解

```
import sqlite3

# 连接到 SQLite 数据库,数据库文件是 baidu.db
conn = sqlite3.connect('baidu.db')
# 创建一个 Cursor:
cursor = conn.cursor()
cursor.execute('delete from user where id = ?', (1,))
cursor.execute('select * from user')
result = cursor.fetchall()
print(result)

# 关闭游标
cursor.close()
# 提交事务
conn.commit()
# 关闭 Connection:
conn.close()
```

执行上述代码后，user 表中 ID 为 1 的数据将被删除。运行结果如下：

```
[(2,'Andy'),(3,'百度科技小助手')]
```

11.3 使用 MySQL

11.3.1 下载安装 MySQL

MySQL 是一款开源的数据库软件，由于其免费特点，得到了全世界用户的喜爱，是目前使用人数最多的数据库。下面将详细讲解如何下载和安装 MySQL 库。

1. 下载 MySQL

在浏览器的地址栏中输入地址“https://dev.mysql.com/downloads/windows/installer/5.7.html”，并按下 Enter 键，将进入到当前最新版本 MySQL 5.7 的下载页面，选择离线安装包，如图 11.2 所示。

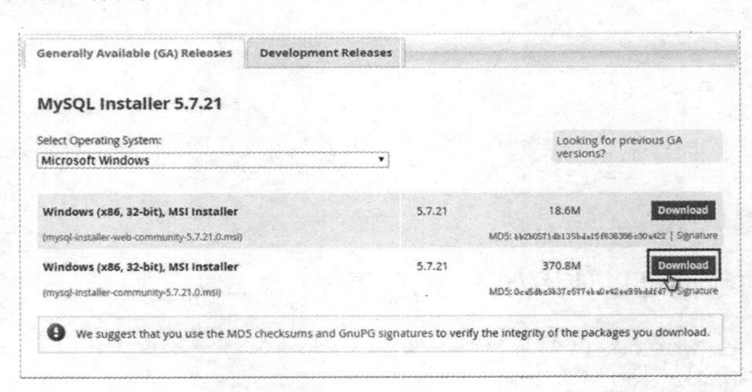

图 11.2　下载 MySQL

单击 Download 按钮下载，进入开始下载页面，如果有 MySQL 的账户，可以单击 Login 按钮，登录账户后下载，如果没有可以直接单击下方的 No thanks, just take me to the download.超链接，跳过注册步骤，直接下载，如图 11.3 所示。

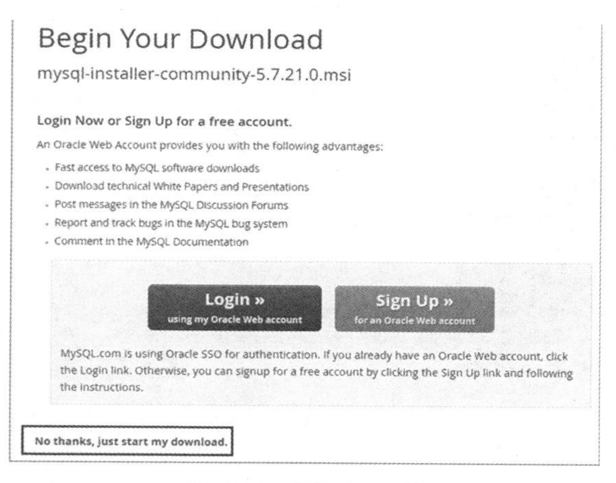

图 11.3　不注册下载

2. 安装 MySQL

下载完成以后，开始安装 MySQL。双击安装文件，在安装界面中勾选 I accept the license terms，单击 Next，进入选择设置类型界面。在选择设置中有 5 种类型，说明如下。

- Developer Default：安装 MySQL 服务器以及开发 MySQL 应用所需的工具。工具包括开发和管理服务器的 GUI 工作台、访问操作数据的 Excel 插件、与 Visual Studio 集成开发的插件、通过 NET/Java/C/C++/OBDC 等访问数据的连接器、例子和教程、开发文档。
- Server only：仅安装 MySQL 服务器，适用于部署 MySQL 服务器。
- Client only：仅安装客户端，适用于基于已存在的 MySQL 服务器进行 MySQL 应用开发的情况。
- Full：安装 MySQL 所有可用组件。
- Custom：自定义需要安装的组件。

MySQL 会默认选择 Developer Default 类型，这里选择 Server only 类型，如图 11.4 所示，选择默认选项，单击 Next 按钮进行安装。

3. 设置环境变量

安装完成以后，默认的安装路径是 C:\Program Files\MySQL\MySQL Server 5.7\bin。下面设置环境变量，以便在任意目录下使用 MySQL 命令。右击“计算机”，选择“属性”，打开控制面板主页，选择“高级系统设置”，选择“环境变量”→PATH，单击“编辑”按钮。将 C:\Program Files\MySQL\MySQL Server 5.7\bin 写在变量值中。如图 11.5 所示。

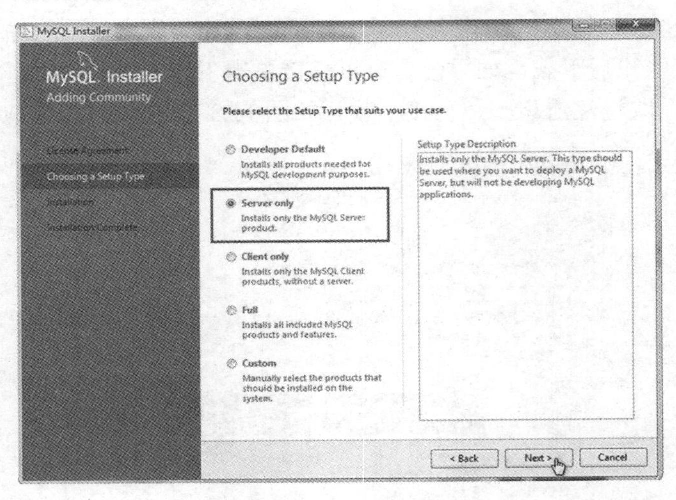

图 11.4 选择安装类型

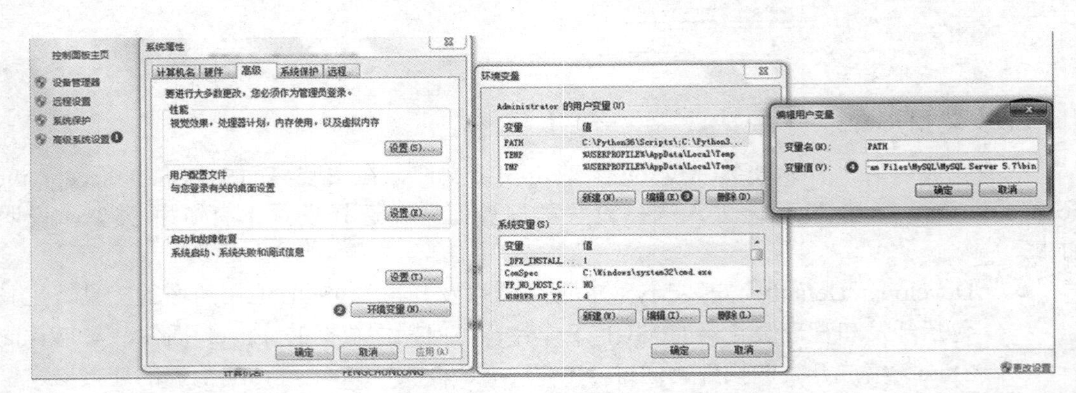

图 11.5 设置环境变量

4. 启动 MySQL

使用 MySQL 数据库前，需要先启动 MySQL。在 cmd 窗口中，输入命令行 net start mysql57，来启动 MySQL 5.7。启动成功后，使用账户和密码进入 MySQL。输入命令 mysql -u root -p，接着提示 Enter password: ，输入密码 root(作者用户名和密码均为 root)即可进入 MySQL。

5. 使用 Navicat for MySQL 管理软件

在命令提示符下操作 MySQL 数据库的方式对初学者并不友好，而且需要有专业的 SQL 语言知识，所以各种 MySQL 图形化管理工具应运而生，其中 Navicat for MySQL 就是一个广受好评的桌面版 MySQL 数据库管理和开发工具。它使用图形化的用户界面，可以让用户使用和管理更为轻松。官方网站：https://www.navicat.com.cn。

首先下载、安装 Navicat for MySQL，然后新建 MySQL 连接，如图 11.6 所示。

接下来，输入连接信息：输入连接名 studyPython，输入主机名或 IP 地址 localhost 或 127.0.0.1，输入密码为 root，如图 12.7 所示。

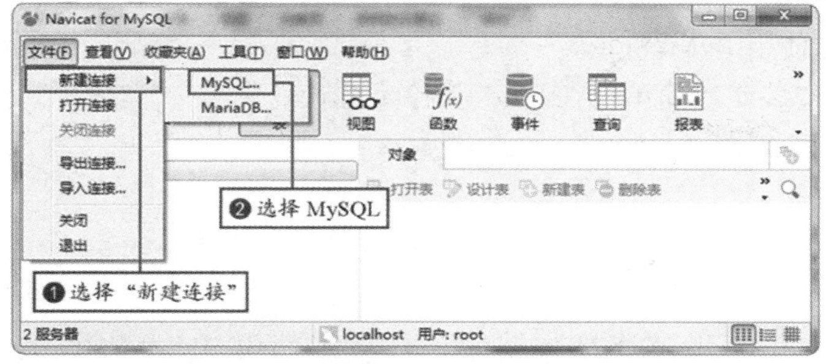

图 11.6　新建 MySQL 连接

图 11.7　输入连接信息

单击“确定”按钮，创建完成。此时，双击 localhost，即进入 localhost 数据库，如图 11.8 所示。

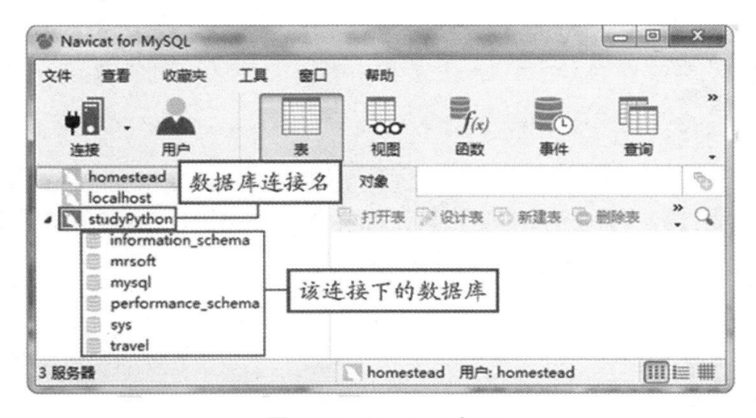

图 11.8　Navicat 主页

11.3.2　安装 PyMySQL

由于 MySQL 服务器以独立的进程运行，并通过网络对外服务，所以，需要支持 Python 的 MySQL 驱动来连接到 MySQL 服务器。在 Python 中支持 MySQL 的数据库模块有很多，我们选择使用 PyMySQL。

PyMySQL 的安装比较简单，在 cmd 中执行如下命令：

```
pip install PyMySQL
```

11.3.3 连接数据库

使用数据库的第一步是连接数据库。接下来使用 PyMySQL 连接数据库。由于 PyMySQL 也遵循 Python Database API 2.0 规范，所以操作 MySQL 数据库的方式与 SQLite 相似。我们可以通过类比的方式来学习。

实例 06：使用 PyMySQL 连接数据库

前面我们已经创建了一个 MySQL 连接“studyPython”，并且在安装数据库时设置了数据库的用户名“root”和密码“root”。下面通过 connect()方法连接 MySQL 数据库，具体代码如下：

扫码观看实例讲解

```
import pymysql

# 打开数据库连接,参数 1:主机名或 IP;参数 2:用户名;参数 3:密码;参数 4:
数据库名称
db = pymysql.connect("localhost", "root", "root",
"studyPython")
# 使用 cursor()方法创建一个游标对象 cursor
cursor = db.cursor()
# 使用 execute()方法执行 SQL 查询
cursor.execute("SELECT VERSION()")
# 使用 fetchone()方法获取单条数据
data = cursor.fetchone()
print("Database version : %s " % data)
# 关闭数据库连接
db.close()
```

上述代码中，首先使用 connect()方法连接数据库，然后使用 cursor()方法创建游标，接着使用 excute()方法执行 SQL 语句查看 MySQL 数据库版本，然后使用 fetchone()方法获取数据，最后使用 close()方法关闭数据库连接。执行结果如下：

```
Database version : 5.7.21-log
```

11.3.4 创建数据表

数据库连接成功以后，我们就可以为数据库创建数据表了。下面通过一个实例，使用 execute()方法来为数据库创建 books 图书表。

实例 07：创建 books 图书表

books 表包含 id(主键)、name(图书名称)、category(图书分类)、price(图书价格)和 publish_time(出版时间)5 个字段。创建 books 表的 SQL 语句如下：

```
CREATE TABLE books (
id int(8) NOT NULL AUTO_INCREMENT,
name varchar(50) NOT NULL,
category varchar(50) NOT NULL,
price decimal(10,2) DEFAULT NULL,
publish_time date DEFAULT NULL,
PRIMARY KEY (id)
) ENGINE=MYISAM AUTO_INCREMENT=1 DEFAULT CHARSET=utf8;
```

扫码观看实例讲解

在创建数据表前，使用如下语句：

```
DROP TABLE IF EXISTS ` books`;
```

如果 baidu 数据库中已经存在 books，那么先删除 books，然后再创建 books 数据表。具体代码如下：

```
import pymysql

# 打开数据库连接
db = pymysql.connect("localhost", "root", "root", "mrsoft")
# 使用 cursor () 方法创建一个游标对象 cursor
cursor = db.cursor()
# 使用 execute()方法执行 SQL,如果表存在则删除
cursor.execute("DROP TABLE IF EXISTS books")
# 使用预处理语句创建表
sql = """
CREATE TABLE books (
    id int(8) NOT NULL AUTO_INCREMENT,
    name varchar(50) NOT NULL,
    category varchar(50) NOT NULL,
    price decimal(10,2) DEFAULT NULL,
    publish_time date DEFAULT NULL,
    PRIMARY KEY (id)
) ENGINE=MYISAM AUTO_INCREMENT=1 DEFAULT CHARSET=utf8;
"""
# 执行 SQL 语句
cursor.execute(sql)
# 关闭数据库连接
db.close()
```

11.3.5　操作 MySQL 数据表

MySQL 数据表的操作主要包括数据的增删改查，与操作 SQLite 类似，这里我们通过一个实例讲解如何向 books 表中新增数据，至于修改、查找和删除数据则不再赘述。

实例 08：向 books 图书表添加图书数据

在向 books 图书表中插入图书数据时，可以使用 execute()方法添加一条记录，也可以使用 executemany()方法批量添加多条记录，executemany()方法的语法格式如下：

扫码观看实例讲解

```
executemany(operation, seq_of_params)
```

- operation：操作的 SQL 语句。
- seq_of_params：参数序列。

executemany()方法批量添加多条记录的具体代码如下：

```
import pymysql

# 打开数据库连接
db = pymysql.connect("localhost", "root", "root", "mrsoft",
charset="utf8")

# 使用 cursor()方法获取操作游标
cursor = db.cursor()
# 数据列表
data = [("零基础学 Python", 'Python', '79.80', '2018-5-20'),
        ("Python 从入门到精通", ' Python', '69. 80', '2018-6-18'),
        ("零基础学 PHP", 'PHP', '69.80', '2017-5-21'),
        ("PHP 项目开发实战入门", 'PHP', "79.80",'2016-5-21"),
        ("零基础学 Java", 'Java', '69.80', '2017-5-21'),
        ]
try:
    # 执行 SQL 语句,插入多条数据
    cursor.executemany("insert into books (name, category, price,
publish_time) values( % s, % s, % s, % s)", data)
    # 提交数据
    db.commit()
except:
    # 发生错误时回滚
    db.rollback()
# 关闭数据库连接
db.close()
```

注意：

(1) 使用 connect()方法连接数据库时，额外设置字符集 charset=utf-8，可以防止插入中文时出错。

(2) 在使用 insert 语句插入数据时，使用%s 作为占位符，可以防止 SQL 注入。

11.4 本 章 小 结

本章主要介绍了使用 Python 操作数据库的基础知识。通过本章的学习，读者能够理解 Python 数据库编程接口，掌握 Python 操作数据库的通用流程及数据库连接对象的常用方法，并具备独立完成设计数据库的能力。希望本章能够起到抛砖引玉的作用，能够帮助读者在此基础上更深入地学习 Python 操作 SQLite 和 MySQL 数据库的相关技术。

第 12 章 网络编程

木章将会给读者展示一些例子，这些例子会使用多种 Python 的方法编写一个将网络（比如因特网）作为重要组成部分的程序。Python 是一个很强大的网络编程工具，这么说有很多原因，首先，Python 内有很多针对常见网络协议的库，在库顶部可以获得抽象层，这样就可以集中精力在程序的逻辑处理上，而不是停留在网络实现的细节中。其次，虽然现在还没有现成可用的代码来处理各种协议格式，但使用 Python 很容易写出这样的代码，因为 Python 在处理字节流的各种模式方面很擅长（在学习处理文本文件的各种方式时应有所体会了）。

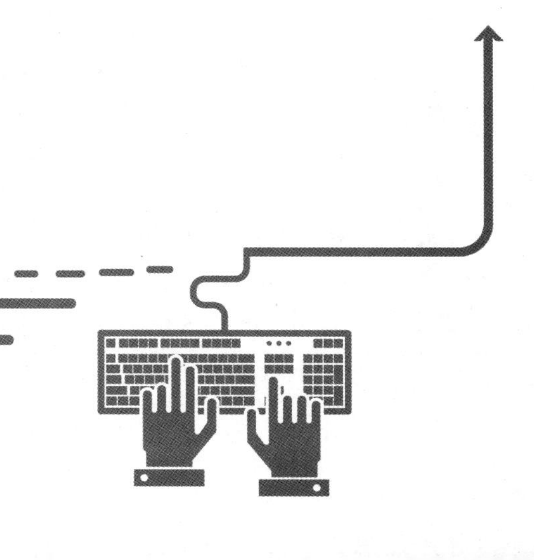

因为 Python 提供了非常丰富的网络工具，所以对于 Python 的网络编程只进行简要介绍。可以在这本书的其他地方找到一些例子。后面章节中有很多项目使用了网络模块来完成工作。

下面将会先大体介绍 Python 标准库中使用的一些网络模块，然后讨论 Socket Server 类和它的“朋友们”，接着是能同时处理多个连接的各种方法。最后看看 Twisted 框架 Python 中一个丰富、成熟的、用于编写网络应用程序的框架。

注意：如果计算机上安装了敏感的防火墙，那么它可能会在每次开始运行网络程序时发出警告，还可能会阻止程序连接到网络。这时应该配置防火墙来允许 Python 完成工作，如果防火墙有一个交互接口(比如 Windows 的防火墙)，那么只要在请求的时候允许连接就行了，注意，任何连接到网络的软件都有潜在的风险，即使(尤其)是你自己写的软件也不例外。

12.1 少数几个网络设计模块

在标准库中有很多网络设计模块，在其他地方还有很多。除了那些明确处理网络事务的模块外，还有很多模块(比如用于在网络传输中处理各种形式的数据编码的模块)被认为是网络相关的。模块部分的讨论限定于如下的几个模块。

12.1.1 socket 模块

在网络编程中的一个基本组件就是套接字(socket)。套接字主要是两个程序之间的“信息通道”。程序可能(通过网络连接)分布在不同的计算机上通过套接字相互发送信息。在 Python 中的大多数的网络编程都隐藏了 socket 模块的基本细节，并且不直接和套接字交互。

套接字包括两个：服务器套接字和客户机套接字。创建一个服务器套接字后，让它等待连接。这样它就在某个网络地址处(IP 地址和一个端口号的组合)监听。

处理客户端套接字通常比处理服务器端套接字容易，因为服务器必须准备随时处理客户端的连接，同时还要处理多个连接，而客户机只是简单地连接，完成事务，断开连接。在这章后面，将使用 socket server 类族和 Twisted 框架来处理服务器端的编程。

一个套接字就是一个 socket 模块中的 socket 类的实例。它的实例化需要 3 个参数：

- 地址族(默认是 socket.AF_INET)。
- 流(socket.SOCK_STREAM，默认值)或数据报(socket.SOCK_DGRAM)套接字。
- 使用的协议(默认是 0，使用默认值即可)。

对于一个普通的套接字，不需要提供任何参数。

服务器端套接字使用 bind 方法后，再调用 listen 方法去监听这个给定的地址。客户端套接字使用 connect 方法连接到服务器在 connect 方法中使用的地址与 bind 方法中的地址相同(在服务器端，能实现很多功能，比如使用函数 socket.gethostname 得到当前主机名)。在这种情况下，一个地址就是一个格式为(host,port)的元组，其中 host 是主机名(比如

www.example.com)，port 是端口号(一个整数)。listen 方法只有一个参数，即服务器未处理的连接的长度(即允许排队等待的连接数目，这些连接在停止接收之前等待接收)。

服务器端套接字开始监听后，它就可以接受客户端的连接。这个步骤使用 accept 方法来完成。这个方法会阻塞(等待)直到客户端连接，然后该方法就返回一个格式为(client,address)的元组，client 是一个客户端套接字，address 是一个前面解释过的地址。服务器能处理客户端到它满意的程度，然后调用另一个 accept 方法开始等待下一个连接。这个过程通常都是在一个无限循环中实现的。

注意：这种形式的服务器端编程称为阻塞或者是同网络编程。与之相对应的被称为非阻塞或者叫作异步网络编程，后面的例子中还使用了线程来同时处理多个客户机。

套接字有两个方法：send 和 recv，用于传输数据。可以使用字符串参数调用 send 以发送数据，用一个所需的(最大)字节数做参数调用 recv 来接收数据。如果不能确定使用哪一个数字比较好，那么 1024 是个很好的选择。

下面两段代码展示了一个最简单的客户机/服务器。如果在同一台机器上运行它们(先启动服务器)，服务器会打印出发现一个连接的信息。然后客户机打印出从服务器端收到的信息。能在服务器还在运行时运行多个客户机。通过用服务器端所在机器的实际主机名来代替客户端调用 gethostname 所得到的主机名，就可以让两个运行在不同机器上的程序通过网络连接起来。

一个小型服务器：

```
import socket

s = socket.socket()

host = socket.gethostname()
port = 1234
s.bind(host, port)

s.listen(5)
while True:
    c, addr = s.accept()
    print("Got connection from ", addr)

    c.send("Thank you for connencting")
    c.close()
```

一个小型客户机：

```
import socket

s = socket.socket()

host = socket.gethostname()
port = 1234

s.connect((host, port))
print(s.recv(1024))
```

整个流程如下面三幅图所示，图 12.1 表示小型服务器开启服务中，图 12.2 表示小型客户机完成请求并收到服务器的返回信息，图 12.3 表示服务器继续开启中。

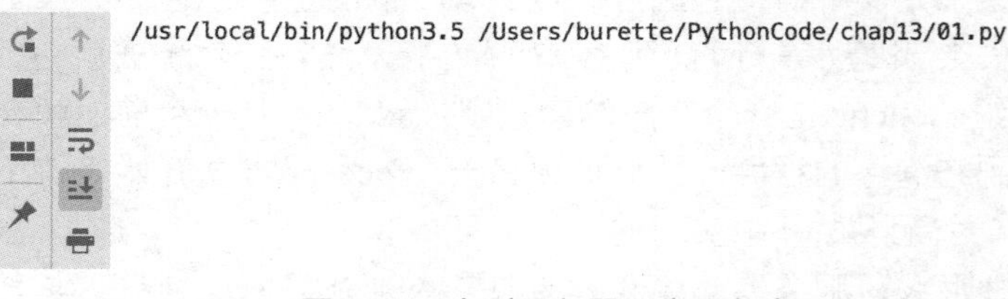

图 12.1　小型服务器开启服务中

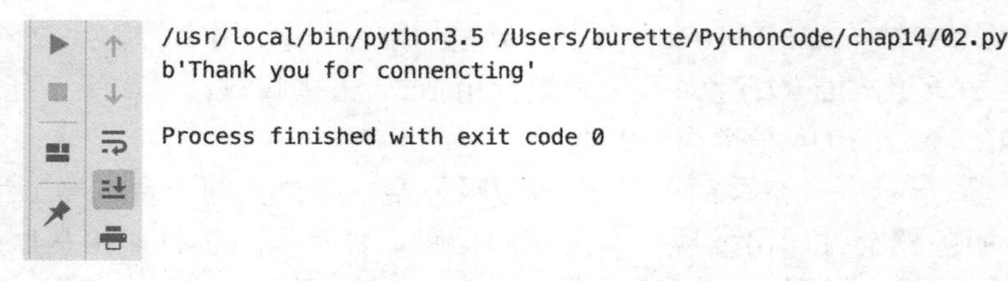

图 12.2　小型客户机完成请求

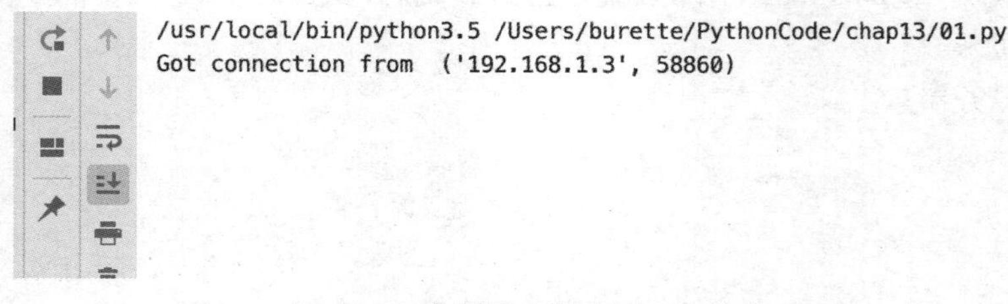

图 12.3　小型服务器收到一次请求

注意： 使用的端口号一般是被限制的。在 Linux 或者 UNIX 系统中，需要有系统管理员的权限才能使用 1024 以下的端口。这些低于 1024 的端口号被用于标准服务，比如端口 80 用于 Web 服务(如果有的话)。如果用 Ctrl+C 组合键停止了一个服务，可能要等上一段时间才能使用同一个端口号(可能会得到“地址正在使用”的错误信息)。

12.1.2　urllib 和 urllib2 模块

在能使用的各种网络工作库中，功能最强大的是 urllib 和 urllib2。它们能让通过网络访问文件，就像那些文件存在于你的电脑中一样。通过一个简单的函数调用，几乎可以把任何 URL 所指向的东西用作程序的输入。

这两个模块的功能都差不多，但 urllib2 更好一些。如果只使用简单的下载，urllib 就足够了。如果需要使用 HTTP 验证(HTTP Authentication)或 Cookie 或者要为自己的协议写扩展程序的话，那么 urllib2 是个好的选择。

1. 打开远程文件

可以像打开本地文件一样打开远程文件，不同之处是可以使用只读模式，使用的是来自 urllib 模块的 urlopen，而不是 open(或 file)：

```
from urllib import urlopen
webpage=urlopen('http://www.python.org')
```

如果在线，变量 webpage 现在应该包含一个链接到 http://www.python.org 网页的类文件对象。

注意： 如果想要试验 urllib 但现在没有在线，可以用以 file 开头的 URL 访问本地文件，比如 file:\\c:\\text\\somefile.txt(记得要对“\”进行转义)。

urlopen 返回的类文件对象支持 close、read、readline 和 readlines 方法，当然也支持迭代。

假设想要提取在前面打开的 Python 页中 About 链接的(相对)URL，那么就可以用正则表达式来实现：

```
import re
text = webpage.read()
m = re.search('<ahref="([^"]+)".*?>about</a>'.,text.re.IGNORECASE)
print(m.group())
```

注意如果网页内容发生变化，读者需要自行修改正则表达式。

2. 获取远程文件

函数 urlopen 提供一个能从中读取数据的类文件对象。如果希望 urllib 为你下载文件并在本地文件中存储一个文件的副本，那么可以使用 urlretrieve。urlretrieve 返回一个元组(filename,headers)而不是类文件对象，filename 是本地文件的名字(由 urllib 自动创建)，headers 包含一些远程文件的信息，如果想要为下载的副本指定文件名，可以在 urlretrieve 函数的第二个参数中给出：

```
urlretrieve('http://www.python.org','C:\\python_webpage.html')
```

这条语句的作用是获取 Python 的主页并把它储存在文件 C:\\lpython_webpage.html 中。如果没有指定文件名，文件就会放在临时的位置，用 open 函数可以打开它，但如果完成了对它的操作，就可以删除它以节省硬盘空间。要清理临时文件，可以调用 urlcleanup()函数，但不能提供参数，该函数会负责清理工作。

12.1.3　其他模块

就像在前面提过的，除了在本章提及的模块外，Python 库和其他地方还有很多和网络有关的模块。表 12.1 中列出了 Python 标准库中的一些和网络相关的模块。如表格中说明的，本书的其他章节会讨论其中的一些模块。

表 12.1　标准库中一些网络相关的模块

模　块	描　述
asynchat	asyncore 的增强版本
asyncore	异步套接字处理程序
cgi	基本的 CGI 支持

续表

模 块	描 述
Cookie	Cookie 对象操作，主要用于服务器
cookielib	客户端 Cookie 支持
email	E-mail 消息支持(包括 MIME)
ftplib	FTP 客户端模块
gopherlib	gopher 客户端模块
httplib	HTTP 客户端模块
imaplib	IMAP4 客户端模块
majlbox	读取几种邮箱的格式
mailcap	通过 mailcap 文件访问 MIME 配置
mhlib	访问 MH 邮箱
nntplib	NNTP 客户端模块
poplib	POP 客户端模块
robotparser	支持解析 Web 服务器的 robot 文件
SimpleXMLRPCServer	一个简单的 XML-RPC 服务器
smtpd	SMTP 服务器端模块
smtplib	SMTP 客户端模块
telnetlib	Telnet 客户端模块
urlparse	支持解释 URL
xmlrpclib	XML-RPC 的客户端支持

12.2 SocketServer 和它的朋友们

正如在前面的 socket 模块部分看到的一样，写一个简单的套接字服务器真的不是很难。如果想实现超出基础的应用，那么，最好还是寻求些帮助。

SocketServer 模块是标准库中很多服务器框架的基础，这些服务器框架包括 BaseHTTPServer、SimpleHTTPServer、CGIHTTPServer、SimpleXMLRPCServer 和 DocXMLRPCServer，所有的这些服务器框架都为基础服务器增加了特定的功能。

SocketServer 包含了 4 个基本的类：针对 TCP 套接字流的 TCPServer，针对 UDP 数据报套接字的 UDPServer，以及针对性不强的 UnixStreamServer 和 UnixDatagramServer。可能不会用到后 3 个。

为了写一个使用 SocketServer 框架的服务器，大部分代码会在一个请求处理程序(Request Handler)中。每当服务器收到一个请求(来自客户端的连接)时，就会实例化一个请求处理程序，并且它的各种处理方法(Handler Methods)会在处理请求时被调用。具体调用哪一个方法取决于特定的服务器和使用的处理程序类(Handler Class)，这样可以把它们子类化，使得服务器调用自定义的处理程序集。基本的 BaseRequestHandler 类把所有的操作都放到了处理器的一个叫作 handle 的方法中，这个方法会被服务器调用。然后这个方法就会访问属性 self.request 中的客户端套接字。如果使用的是流(如果使用的是 TCPServer，这就是可能的)，那么可以使用 StreamRequest-Handler 类，创建了其他两个新属性，即 self.rfile(用于读取)和 self.wfile(用于写入)。然后就能使用这些类文件对象和客户机进行通信。

SocketServer 框架中的其他类实现了对 HTTP 服务器的基本支持。其中包括运行 CGI 脚本，也包括对 XMLRPC 的支持。

如下代码展示了小型服务器的 SocketServer 版本。它能和 12.1.1 小节中的客户机协同工作。注意，StreamRequestHandler 在连接被处理完后会负责关闭连接。还要注意使用"表示的是服务器正在其上运行的机器的主机名。

```
from SocketServer import TCPServer, StreamRequestHandler

class Handler(StreamRequestHandle):
 def handle(self):
     addr = self.request.getpeername()
     print('Got connection from ',addr)
     self.wfile.write('Thank you for connecting')

 server = TCPServer((' ',1234),handle)
 server.server_forever()
```

12.3　多　连　接

到目前为止讨论的服务器解决方案都是同步的：即一次只能连接一个客户机并处理它的请求。如果每个请求只是花费很少的时间，比如，一个完整的聊天会话，那么同时能处理多个连接就很重要。

有 3 种主要的方法能实现这个目的：分叉(forking)、线程(threading)以及异步 IO(Asynchronous I/O)。通过对 SocketServer 服务器使用混入类(mix-inclass)，派生进程和线程很容易处理。即使要自己实现它们，这些方法也很容易使用。它们确实有缺点：分叉占据资源，并且如果有太多的客户端时，分叉不能很好分叉(尽管如此，对于合理数量的客户端，分叉在现代的 UNIX 或者 Linux 系统中是很高效的，如果有一个多 CPU 系统，那效率会更高)；线程处理能导致同步问题。在这里不会深入讨论这些问题的细节(也不会深入讨论多线程)，但在接下来的几节中会展示这些技术。

什么是分叉和线程处理？

或许你不知道什么是分叉和线程处理，这里做一些说明。分叉是一个 UNIX 术语；当分叉一个进程(一个运行的程序)时，基本上是复制了它，并且分叉后的两个进程都从当前的执行点继续运行，每个进程都有自己的内存副本(比如变量)。一个进程(原来的那个)成为父进程，另一个(复制的)成为子进程。如果你是一个科幻小说迷，可以把它们想象成并行宇宙(Parallel Universe)，分叉操作在时间线(Timeline)上创建了一个分支，最后得到了两个独立存在的进程，幸好进程可以判断哪一个是原进程，哪一个是子进程(通过查看 fork

函数的返回值)。因此它们所执行的操作不同(如果相同，那么还有什么意义？两个进程会做同样的工作，会使你自己的电脑停顿)。

在一个使用分叉的服务器中，每一个客户端连接都利用分叉创造一个子进程，父进程继续监听新的连接，同时子进程处理客户端。当客户端的请求结束时，子进程就退出了。因为分叉的进程是并行运行的，客户端之间不必互相等待。

因为分叉有点耗费资源(每个分叉出来的进程都需要自己的内存)这就存在了另一个选择：线程。线程是轻量级的进程或子进程，所有的线程都存在于相同的(真正的)进程中，共享内存。资源消耗的下降伴随着一个缺陷：因为线程共享内存，所以必须确保它们的变量不会冲突，或者是在同一时间修改同一内容，否则就会造成混乱，这些问题都可以归结为同步问题。在现代操作系统中，分叉实际是很快的，现在的硬件比以往的能更好地处理资源消耗。如果不想被同步问题所困扰，分叉是一个很好的选择。

能避免这类并行问题最好不过了。本章后面会看到基于 select 函数的其他解决方法，避免线程和分叉的另外一种方法是转换到 Stackless Python(http://stackless.com)，一个为了能够在不同的上下文之间快速、方便切换而设计的 Python 版本，它支持一个叫作微线程(Microthreads)的类线程的并行形式，微线程比真线程的伸缩性要好，比如，Stackless Python 微线程已经被用于星战前夜在线(EVEOnline，http://www.eve-online.com)，来为成千上万的使用者服务。

异步 IO 在底层的实现有点难度。基本的机制是 select 模块的 select 函数，这是非常难处理的。幸好存在更高的层次处理异步 IO 的框架，这就为处理一个强大可伸缩的机制提供了一个简单的、抽象的接口。包含在标准库中的这种类型的基本框架由 asyncore 和 asynchat 模块组成。Twisted(在本章的最后讨论)是一个非常强大的异步网络编程框架。

12.3.1 使用 SocketServer 进行分叉和线程处理

使用 SocketServer 框架创建分叉或者线程服务器太简单了，几乎不需要解释。如下的三段代码展示了服务器如何使用分叉和线程。如果 handle 方法要花很长时间完成，那么分叉和线程行为就很有用。注意，Windows 不支持分叉。

使用了分叉技术的服务器代码：

```
from SocketServer import TCPServer, ForkingMixIn, StreamRequestHandler

class Server(ForkingMixIn, TCPServer):
    pass

class Handler(StreamRequestHandler):
    def handle(self):
        addr = self.request.getpeername()
        print('Got connection from ', addr)
        self.wfile.write('Thank you for connectiong')

server = Server((' ', 1234), Handler)
server.server_forever()
```

使用了线程处理的服务器代码:

```
from SocketServer import TCPServer, ThreadingMixIn, StreamRequestHandler

class Server(ThreadingMixIn, TCPServer):
    pass

class Handler(StreamRequestHandler):
    def handle(self):
        addr = self.request.getpeername()
        print('Got connection from ', addr)
        self.wfile.write('Thank you for connectiong')

server = Server((' ', 1234), Handler)
server.server_forever()
```

12.3.2 带有 select 和 poll 的异步 IO

当一个服务器与一个客户端通信时，来自客户端的数据可能是不连续的。如果使用分叉或线程处理，那就不是问题。当一个程序在等待数据时，另一个并行的程序可以继续处理它们自己的客户端。另外的处理方法是只处理在给定时间内真正要进行通信的客户端。不需要一直监听，只要监听(或读取)一会儿，然后把它放到其他客户端的后面即可。

这是 asyncore/asynchat 框架和 Twisted 框架(参见下一节)采用的方法，这种功能的基础是 select 函数，如果 poll 函数可用，那也可以是它，这两个函数都来自 select 模块。这两个函数中，poll 的伸缩性更好，但它只能在 UNIX 系统中使用(这就是说，在 Windows 中不可用)。

select 函数需要 3 个序列作为它的必选参数，此外还有一个可选的以秒为单位的超时时间作为第 4 个参数。这些序列是文件描述符整数(或者是带有返回这样整数的 fileno 方法的对象)。这些就是我们等待的连接。3 个序列用于输入、输出以及异常情况(错误以及类似的东西)。如果没有给定超时时间，select 会阻塞(也就是处于等待状态)，直到其中的一个文件描述符已经为行动做好了准备，如果给定了超时时间，select 最多阻塞给定的超时时间，如果给定的超时时间是 0，那么就给出一个连续的 poll(即不阻塞)。select 的返回值是 3 个序列(也就是一个长度为 3 的元组)，每个代表相应参数的一个活动子集。比如，返回的第 1 个序列是一个输入文件描述符的序列，其中有一些可以读取的东西。

序列能包含文件对象(在 Windows 中行不通)或者套接字。如下的代码片段展示了一个使用 select 的为很多连接服务的服务器(注意，服务器套接字本身被提供给 select，这样 select 就能在准备接受一个新的连接时发出通知)。服务器是个简单的记录器(logger)，它输出(在本地)来自客户机的所有数据。可以使用 Telnet(或者写一个简单的基于套接字的客户机来为它提供数据)连接它来进行测试。尝试用多个 Telnet 去连接来验证服务器能同时为多个客户端服务(服务器的日志会记录其中两个客户端的输入信息)。

```
import socket, select

s = socket.socket()
```

```
host = socket.gethostname()
port = 1234

s.bind((host, port))

s.listen(5)
inputs = []
while True:
    rs, ws, es = select.select(inputs, [], [])
    for r in rs:
        if r is s:
            c, addr = s.accept()
            print('Got connection from ', addr)
            inputs.append(c)
        else:
            try:
                data = r.recv(1024)
                disconnected = not data
            except socket.error:
                disconnected = True

            if disconnected:
                print(r.getpeername(), ' disconnected')
                inputs.remove(r)
            else:
                print(data)
```

poll 方法使用起来比 select 简单。在调用 poll 时，会得到一个 poll 对象。然后就可以使用 poll 对象的 register 方法注册一个文件描述符(或者是带有 fileno 方法的对象)。注册后可以使用 unregister 方法移除注册的对象。注册了一些对象(比如套接字)以后，就可以调用 poll 方法(带有一个可选的超时时间参数)并得到一个(fd,event)格式列表(可能是空的)，其中 fd 是文件描述符，event 则告诉你发生了什么。这是一个位掩码(bitmask)，意思是它是一个整数，这个整数的每个位对应不同的事件。那些不同的事件是 select 模块的常量，为了验证是否设置了一个给定位(也就是说，一个给定的事件是否发生了)，可以使用按位与操作符(&):

```
if event & select.POLLIN: ...
```

12.4 Twisted

来自于 Twisted Matrix 实验室(http://twistedmatrix.com)的 Twisted 是一个事件驱动的 Python 网络框架，原来是为网络游戏开发的，现在被所有类型的网络软件使用。在 Twisted 中，需要实现事件处理程序，这很像在 GUI 工具包中做的那样。实际上，Twisted 能很好地和几个常见的 GUI 工具包(Tk、GTK、Qt 以及 wxWidgets)协同工作。本节会介绍一些基本的概念并且展示如何使用 Twisted 来做一些相对简单的网络编程。掌握了基本概念以后，就能根据 Twisted 的文档去做一些更高级的网络编程。Twisted 是一个非常丰

富的框架，并且支持 Web 服务器、客户机、SSH2、SMTP、POP3、IMAP4、AIM、ICQ、IRC、MSN、Jabber、NNTP 和 DNS 等。

12.4.1 下载并安装 Twisted

安装 Twisted 很容易。首先访问 Twisted Matrix 的网页(http://twistedmatrix.com)，然后点击下载链接。如果使用的是 Windows，那么下载与 Python 版本对应的 Windows 安装程序，如果使用的是其他的系统，那就下载源代码档案文件(如果使用了包管理器，比如 Portage、RPM、APT、Fink 或者 MacPorts，那就可以直接下载并安装 Twisted)。Windows 安装程序是无须说明的按步进行的安装向导，它可能会花些时间解压缩和编译，你要做的就是等待。

为了安装源代码档案文件，首先要解压缩(使用 tar，然后根据下载的是哪种类型的档案文件来决定使用 gunzip 还是 bunzip2)，然后运行 Distutils 脚本：

```
python setup.py install
```

这样就可以使用 Twisted 了。

12.4.2 编写 Twisted 服务器

在此之前编写的基本套接字服务器是显式的。其中的一些有很清楚的事件循环，用来查找新的连接和新数据，而基于 SocketServer 的服务器有一个隐式的循环，在循环中服务器查找连接并为每个连接创建一个处理程序，但处理程序在要读数据时必须是显式的。Twited 使用一个事件甚至多个基于事件的方法。要编写基本的服务器，就要实现处理比如新客户端连接、新数据到达以及一个客户端断开连接等事件的事件处理程序。具体的类能通过基本类建立更精炼的事件，比如包装“数据到达”事件、收集数据直到新的一行，然后触发“一行数据到达”的事件。

注意： 有一个类似 Twisted 特征的内容在本节没有讲述，那就是延迟和延迟执行，可参考 Twisted 文档以了解更多信息(比如可以看 Twisted 文档中的 HOWTO 页中名为 Deferreds are beautiful 的教程)。

事件处理程序在一个协议(Protocol)中定义；在一个新的连接到达时，同样需要一个创建这种协议对象的工厂(Factory)，但如果只是想要创建一个通用的协议类的实例，那么就可以使用 Twited 自带的工厂。factory 类在 twisted.internet.protoco1 模块中。当编写自己的协议时，要使用和超类一样的模块中的 protocol。得到了一个连接后，事件处理程序 connectionMade 就会被调用；丢失了一个连接后，connectionLost 就会被调用。来自客户端的数据是通过处理程序 dataReceived 接收的。当然不能使用事件处理策略来把数据发回到客户端，如果要实现此功能，可以使用对象 self.transport，这个对象有一个 write 方法，也有一个包含客户机地址(主机名和端口号)的 client 属性。

如下的代码为先前代码实现服务器的 Twisted 版本。希望读者也会觉得 Twisted 版本更简单、更易读。这里只涉及一点设置，必须实例化 factory，还要设置它的 protocol 属

性，这样它在和客户机通信时就知道使用什么协议(自定义协议)。然后就开始在给定的端口处使用工厂进行监听，这个工厂要通过实例化协议对象来准备处理连接。程序使用的是 reactor 中的 listenTCP 函数来监听，最后通过调用同一个模块中的 run 函数启动服务器。

```
from twisted.internet import reactor
from twisted.internet.protocol import Protocol, Factory


class SimpleLogger(Protocol):

    def connectionMade(self):
        print('Got connection from: ', self.transport.client)

    def connectionLost(self, reason):
        print(self.transport.client, ' disconnected')

    def dataReceived(self, data):
        print(data)


factory = Factory()
factory.protocol = SimpleLogger

reactor.listenTCP(1234, factory)
reactor.run()
```

如果用 Telnet 连接到此服务器并进行测试的话，那么每行可能只输出一个字符，取决于缓冲或类似的东西。当然可以使用 sys.stdout.write 来代替 print。但在很多情况下可能更喜欢每次得到一行，而不是任意的数据。编写一个处理这种情况的自定义协议很容易，实际上已经有一个现成的类了。twisted.protocols.basic 模块中包含一个有用的预定义协议，是 LineReceiver。它实现了 dataReceived 并且只要收到了一整行，就调用事件处理程序 lineReceived。

提示： 如果要在接受数据时做些事情，可以使用由 LineReceiver 定义的叫作 rawDataReceived 的事件处理程序，也可以使用 lineReceived，但它依赖于 dataReceived 的实现 LineReceiver。

12.5 本章小结

本章介绍了 Python 中网络编程中的一些方法。究竟选择什么方法取决于程序特定的需要和开发者的偏好。选择了某种方法后，就需要了解具体方法的更多内容。本章介绍的内容如下：

- 套接字和 socket 模块。套接字程序(进程)之间进行通信的信息通道，可能会通过网络来通信。socket 模块提供了对客户端和服务器端套接字的低级访问功能。服务器端套接字会在指定的地址监听客户端的连接，而客户机是直接连接的。

- urllib 和 urllib2。这些模块可以在给出数据源的 URL 时从不同的服务器读取和下载数据。urllib 模块是一个简单一些的实现，而 urllib2 是可扩展的，而且很强大。两者都通过 urlopen 等简单的函数来工作。
- SocketServer 框架。这是一个同步的网络服务器基类。位于标准库中，使用它可以很容易地编写服务器。它甚至用 CGI 支持简单的 Web 服务(HTTP)。如果想同时处理多个连接，可以使用分叉和线程来处理混入类。
- select 和 poll。这两个函数让我们可以考虑一组连接，并且能找出已经准备好读取或者写入的连接。这就意味着能通过时间片轮转来为几个连接提供服务。看起来就像是同时处理几个连接。尽管代码可能更复杂一点，但在伸缩性和效率上要比线程或分叉好得多。
- Twisted。这是来自 Twisted Matrix 实验室的框架，支持绝大多数的网络协议，它内容丰富并且很复杂，尽管很庞大，有的习惯用语却不太容易记，但它的基本用法简单、直观。

Twisted 框架是异步的，因此它在伸缩性和效率方面表现得很好。如果能使用 Twisted，它可能成为很多自定义网络应用程序的最佳选择。

第 13 章 Web 编程

由于 Python 简单易懂，可维护性好，所以越来越多的互联网公司使用 Python 进行 Web 开发，如知乎、豆瓣等网站。本章将介绍 Web 编程基础知识，包括 HTTP 协议、前端基础知识以及 Web 编程框架等，此外，将重点介绍 WSGI 接口，并详细介绍 Flask 框架和 Django 框架的使用。

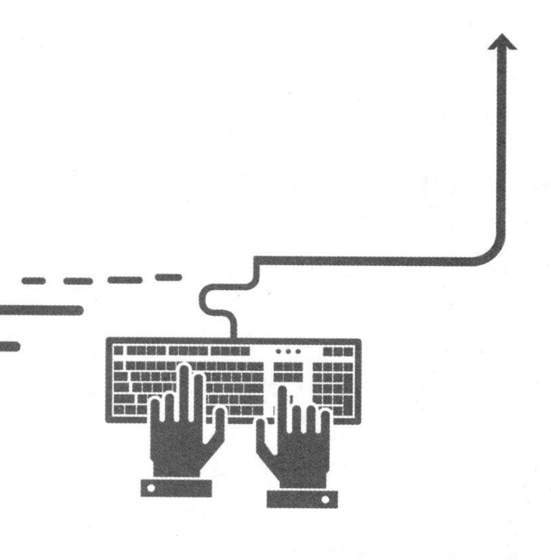

13.1 Web 基础

当用户打开浏览器，输入百度网址 www.baidu.com，然后按下 Enter 键时，浏览器中就会显示百度网站的内容。在这个看似简单的用户行为背后，到底隐藏了些什么呢？

13.1.1 HTTP 协议

在用户输入网址访问百度网站的例子中，用户浏览器被称为客户端，而百度网站被称为服务器。这个过程实质上就是客户端向服务器发起请求，服务器接收请求后，将处理后的信息(也称为响应)传给客户端。这个过程是通过 HTTP 协议实现的。

HTTP(Hyper Text Transfer Protocol)，即超文本传输协议，是互联网上应用最为广泛的一种网络协议。HTTP 是利用 TCP 在 Web 服务器和客户端之间传输信息的协议。客户端使用 Web 浏览器发起 HTTP 请求给 Web 服务器，而 Web 服务器发送被请求的信息给客户端。

13.1.2 Web 服务器

当在浏览器输入 URL 后，浏览器会先请求 DNS 服务器，获得请求站点的 IP 地址(即根据 URL 地址 www.baidu.com 获取其对应的 IP 地址如 39.156.66.14)，然后发送一个 HTTP Request(请求)给拥有该 IP 的主机(百度的服务器)，接着就会接收到服务器返回的 HTTP Response(响应)，浏览器经过渲染后，以一种较好的效果呈现给用户。HTTP 基本原理如图 13.1 所示。左侧浏览器是客户端，右侧 Web 服务器是服务端。

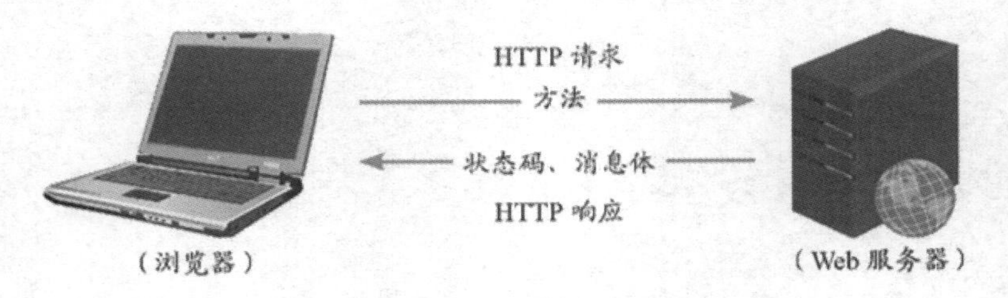

图 13.1　HTTP 基本原理

我们重点来看 Web 服务器。Web 服务器的工作原理可以概括为以下 4 个步骤。

(1) 建立连接：客户端通过 TCP/IP 协议建立到服务器的 TCP 连接。

(2) 请求过程：客户端向服务器发送 HTTP 协议请求包，请求服务器里的资源文档。

(3) 应答过程：服务器向客户端发送 HTTP 协议应答包，如果请求的资源包含有动态语言的内容，那么服务器会调用动态语言的解释引擎负责处理“动态内容”，并将处理后得到的数据返回给客户端。由客户端解释 HTML 文档，在客户端屏幕上渲染图形结果。

(4) 关闭连接：客户端与服务器断开。

步骤 2 中客户端向服务器端发起请求时，常用的请求方法如表 13.1 所示。

表 13.1　HTTP 协议的常用请求方法及其描述

方　法	描　述
GET	请求指定的页面信息，并返回实体主体
POST	向指定资源提交数据进行处理请求(例如提交表单或者上传文件)。数据被包含在请求体中。POST 请求可能会导致新的资源的建立或已有资源的修改
HEAD	类似于 GET 请求，只不过返回的响应中没有具体的内容，用于获取报头
PUT	从客户端向服务器传送的数据取代指定的文档的内容
DELETE	请求服务器删除指定的页面
OPTIONS	允许客户端查看服务器的性能

步骤 3 中服务器返回给客户端的状态码，可以分为 5 种类型，由它们的第一位数字表示，如表 13.2 所示。

表 13.2　HTTP 状态码及其含义

代　码	含　义
1**	信息，请求收到，继续处理
2**	成功，行为被成功地接受、理解和采纳
3**	重定向，为了完成请求，必须进一步执行的动作
4**	客户端错误，请求包含语法错误或者请求无法实现
5**	服务器错误，服务器不能实现一种明显无效的请求

例如，状态码 200，表示请求已成功完成；状态码 404，表示服务器找不到给定的资源。下面，我们用谷歌浏览器访问百度官网，查看一下请求和响应的流程。步骤如下。

(1) 在谷歌浏览器中输入网址：www.baidu.com，按下 Enter 键，进入百度搜索引擎官网。

(2) 按下 F12 键(或单击鼠标右键，选择“检查”选项)，审查页面元素。运行效果如图 13.2 所示。

图 13.2　打开谷歌浏览器调试工具

(3) 单击谷歌浏览器调试工具的 Network 选项，按下 F5 键(或手动刷新页面)，单击调试工具中 Name 栏目下的 www.baidu.com，查看请求与响应的信息。如图 13.3 所示。

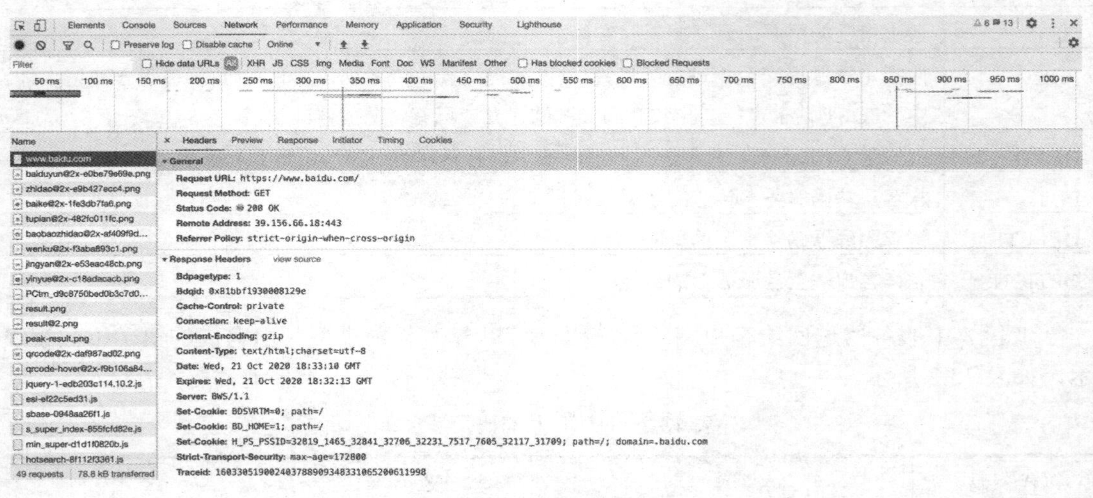

图 13.3　请求和响应信息

图 13.3 中的 General 关键信息概述如下。

- Request URL：请求的 URL 地址，也就是服务器的 URL 地址。
- Request Method：请求方式是 GET。
- Status Code：状态码是 200，即成功返回响应。
- Remote Address：服务器 IP 地址是 39.156.66.18:443，端口号是 80。

13.1.3　前端基础

对于 Web 开发，通常分为前端(Front-End)和后端(Back-End)。“前端”是与用户直接交互的部分，包括 Web 页面的结构、Web 的外观视觉表现及 Web 层面的交互实现。“后端”更多的是与数据库进行交互以处理相应的业务逻辑，需要考虑的是如何实现功能、数据的存取、平台的稳定性与性能等。后端的编程语言包括 Python、Java、PHP、ASP.NET 等，而前端编程语言主要包括 HTML、CSS 和 JavaScript。

对于浏览网站的普通用户而言，更多的是关注网站前端的美观程度和交互效果，很少去考虑后端的实现。所以使用 Python 进行 Web 开发，需要具备一定的前端基础。

1. HTML 简介

HTML 是用来描述网页的一种语言。HTML 指的是超文本标记语言(Hyper Text Markup Language)，它不是一种编程语言，而是一种标记语言。标记语言是一套标记标签，这种标记标签通常被称为 HTML 标签，它们是由尖括号包围的关键词，比如<html>。HTML 标签通常是成对出现的，比如<h1>和</h1>。标签对中的第一个标签是开始标签，第二个标签是结束标签。Web 浏览器的作用是读取 HTML 文档，并以网页的形式显示它们。浏览器不会显示 HTML 标签，而是使用标签来解释页面的内容，如图 13.4 所示。

```
<!DOCTYPE html>
<html lang="en">
<head>
    <meta charset="UTF-8">
</head>
<body>
<h1>我的第一个标题</h1>
<p>我的第一个段落</p>
</body>
</html>
```

文件 | /Users/burette/PythonCode/chap13/01.html

我的第一个标题

我的第一个段落

图 13.4　显示页面内容

HTML 代码中，第一行的<!DOCTYPE html>表示使用的是 HTML5(最新 HTML 版本)，其余的标签都是成对出现，并且在页面中只显示标签里的内容，不显示标签。

说明：更多 HTML 知识，请查阅相关教程。作为 Python Web 初学者，只需要掌握基本的 HTML 知识即可。

2. CSS 简介

CSS 是 Cascading Style Shects(层叠样式表)的缩写。CSS 是一种标记语言，用于为 HTML 文档定义布局。例如，CSS 涉及字体、颜色、边距、高度、宽度、背景图像、高级定位等方面，运用 CSS 样式可以让页面变得美观，就像人们化妆前和化妆后的效果一样，对上面的代码加入样式部分，新的代码如下：

```
<!DOCTYPE html>
<html>
<head>
<meta charset="utf-8">
<title>菜鸟教程(runoob.com)</title>
<style>
body
{
    background-color:#d0e4fe;
}
h1
{
    color:orange;
    text-align:center;
}
p
{
```

```
    font-family:"Times New Roman";
    font-size:20px;
}
</style>
</head>

<body>

<h1>我的第一个标题</h1>
<p>我的第一个段落</p>

</body>
</html>
```

新的效果如图 13.5 所示。

图 13.5　使用 CSS 后的效果

说明：更多 CSS 知识，请查阅相关教程。作为 Python Web 初学者，只需要掌握基本的 CSS 知识。

3. JavaScript 简介

通常，我们所说的前端就是指 HTML、CSS 和 JavaScript 三项技术。

- HTML：定义网页的内容。
- CSS：描述网页的样式。
- JavaScript：描述网页的行为。

JavaScript 是一种可以嵌入在 HTML 代码中由客户端浏览器运行的脚本语言。在网页中使用 JavaScript 代码，不仅可以实现网页特效，还可以响应用户请求，实现动态交互的功能。例如，在用户注册页面中，需要对用户输入信息的合法性进行验证，包括是否填写了“邮箱”和“密码”，填写的“邮箱”和“密码”的格式是否正确等。JavaScript 验证邮箱信息是否正确的效果如图 13.6 所示。

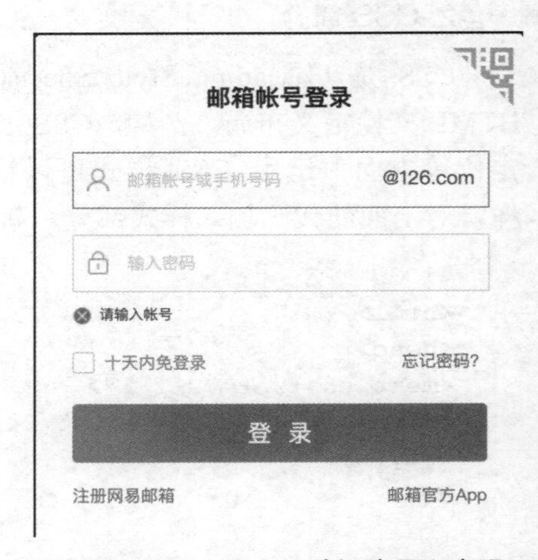

图 13.6　JavaScript 验证账号和密码

说明：更多 JavaScript 知识，请查阅相关教程。作为 Python Web 初学者，只需要掌握基本的 JavaScript 知识。

13.1.4　静态服务器

在 Web 中，纯粹 HTML 格式的页面通常被称为“静态页面”，早期的网站通常都是由静态页面组成的。如马云早期的创业项目“中国黄页”网站就是由静态页面组成的静态网站。

下面通过实例结合 Python 网络编程和 Web 编程知识，创建一个静态服务器。通过该服务器，可以访问包含两个静态页面的“未来学院”网站。

实例 01：创建“未来学院”网站静态服务器

创建一个“未来学院”官方网站，当用户输入网址 127.0.0.1:8000 或 127.0.0.1:8000/index.html 时，访问网站首页。当用户输入网址 127.0.0.1:8000/contact.html 时，访问“联系我们”页面，可以按照如下步骤实现该功能。

(1) 创建 Views 文件夹，在 Views 文件夹下创建 index.html 页面作为“未来学院”网站首页，index.html 页面关键代码如下：

扫码观看实例讲解

```
<!DOCTYPE html>
<html lang="en">
<head>
    <meta charset="UTF-8">
    <title>未来学院</title>
</head>
<body class="bs-docs-home">
<p class="lead">未来学院,是北京市未来科技有限公司倾力打造的在线实用技能学习平台,该平台于 2020 年正式上线,主要为学习者提供海量、优质的课程,课程结构严谨,用户可以根据自身的学习程度,自主安排学习进度。我们的宗旨是,为编程学习者提供一站式服务,培养用户的编程思维。</p>
<p class="lead">
    <a href="/contact.html" class="btn btn-outline-inverse btn-lg">联系我们</a>
</body>
</html>
```

(2) 在 Views 文件夹下创建 contact.html 文件，作为未来学院的“联系我们”页面。关键代码如下：

```
<!DOCTYPE html>
<html lang="en">
<head>
    <meta charset="UTF-8">
    <title>Title</title>
</head>
<body>
<div class="bs-docs-header" id="content" tabindex="-1">
    <div class="container">
        <h1>联系我们</h1>
        <div class="lead">
            <address>
```

```
                电子邮件: <strong>future@future.com</strong>
                <br>地址: 北京市未来科学城 XX 号
                <br>邮政编码<strong>123456</strong>
                <br><abbr title="Phone">联系电话</abbr> 010-12345678
            </address>
        </div>
    </div>
</div>

</body>
</html>
```

(3) 在 Views 同级目录下，创建 web_server.py 文件，用于实现客户端和服务器端的 HTTP 通信，具体代码如下：

```
import socket  # 导入 Socket 模块
import re  # 导入 re 正则模块
from multiprocessing import Process  # 导入 Process 多进程模块

HTML_ROOT_DIR = "./Views"  # 设置静态文件根目录


class HTTPServer(object):
    def __init__(self):
        """初始化方法"""
        self.server_socket = socket.socket(socket.AF_INET,
socket.SOCK_STREAM)  # 创建 socket 对象

    def start(self):
        self.server_socket.listen(128)  # 设置最多连接数
        print('服务器等待客户端连接 ')
        # 执行死循环
        while True:
            client_socket, client_address = self.server_socket.accept()  # tY☆
            print("[%s, %s]H " % client_address)
            # 实例化进程类
            handle_client_process = Process(target=self.handle_client,
args=(client_socket,))
            handle_client_process.start()  # 开启线程
            client_socket.close()  # 关闭客户端 Socket

    def handle_client(self, client_socket):
        """处理客户端请求"""
        # 获取客户端请求数据
        request_data = client_socket.recv(1024)  # 获取客户端请求数据
        print("request data:", request_data)
        request_lines = request_data.splitlines()
        # 输出每行信息
        for line in request_lines:
            print(line)
        # 解析请求报文
```

```
        request_start_line = request_lines[0]
        print("*" * 10)
        print(request_start_line.decode("utf-8"))
        # 使用正则表达式,提取用户请求的文件名
        file_name = re.match(r"\w+ +(/[^ ]*) ",
request_start_line.decode("utf-8")).group(1)
        # 如果文件名是根目录,设置文件名为 file_name
        if "/" == file_name:
            file_name = "/index.html"
        # 打开文件,读取文件
        try:
            file = open(HTML_ROOT_DIR + file_name, 'rb')
        except IOError:
            # 如果存在异常,返回 404
            response_start_line = "HTTP/1.1 404 Not Found\r\n"
            response_headers = "Server: My server\r\n"
            response_body = "The file is not found!"
        else:
            # 读取文件内容
            file_data = file.read()
            file.close()
            # 构造响应数据
            response_start_line = "HTTP/1.1 200 OK\r\n"
            response_headers = "Server: My server\r\n"
            response_body = file_data.decode("utf-8")
        # 拼接返回数据
        response = response_start_line + response_headers + "\r\n" +
response_body
        print("response data:", response)
        client_socket.send(bytes(response, "utf-8"))
        client_socket.close()  # 关闭客户端连接


    def bind(self, port):
        """绑定端口"""
        self.server_socket.bind(("", port))



    def main():
        """主函数"""
        http_server = HTTPServer()  # 实例化 HTTPServer()类
        http_server.bind(8000)  # 绑定端口
        http_server.start()  # 调用 start()方法



    if __name__ == "__main__":
        main()
```

上述代码中定义了一个 HTTPserver()类，其中__init__()初始化方法用于创建 Socket 实例，start()方法用于建立客户端连接，开启线程。handle_client()方法用于处理客户端请

求，主要功能是通过正则表达式提取用户请求的文件名。

如果用户输入 127.0.0.1:8000/则读取 index.html 文件，否则访问具体的文件名。例如，用户输入 127.0.0.1:8000/contact.html，读取 contact.html 文件内容，将其作为响应的主体内容。

运行 web_server.py 文件，然后使用谷歌浏览器访问 127.0.0.1:8000/，运行效果如图 13.7 所示。

图 13.7　未来学院主页

单击“联系我们”链接，页面跳转至“127.0.0.1:8000/contact.html”，运行效果如图 13.8 所示。

图 13.8　联系我们页面

13.2　WSGI 接口

13.2.1　CGI 简介

在实例 01 中我们实现了一个静态服务器，但是当今 Web 开发已经很少使用纯静态页面，更多的是使用动态页面，如网站的登录和注册功能等。当用户登录网站时，需要输入用户名和密码，然后提交数据。Web 服务器不能处理表单中传递过来的与用户相关的数据，这不是 Web 服务器的职责。因此 CGI 应运而生。

CGI(Common Gateway Interface)，即通用网关接口，它是一段程序，运行在服务器上。Web 服务器将请求发送给 CGI 应用程序，再将 CGI 应用程序动态生成的 HTML 页面发送回客户端。CGI 在 Web 服务器和应用之间充当了交互作用，这样才能够处理用户数据，生成并返回最终的动态 HTML 页面。CGI 的工作方式如图 13.9 所示。

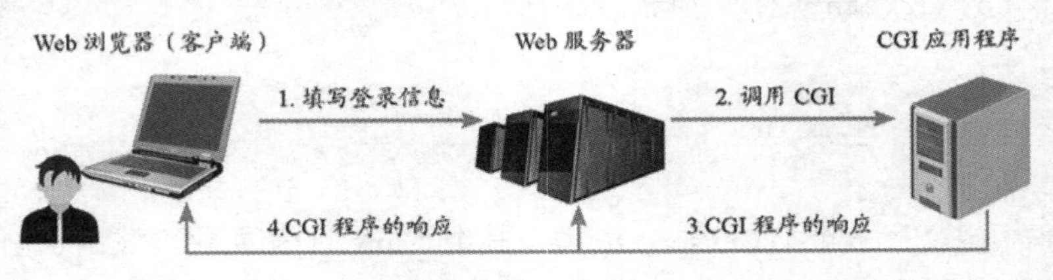

图 13.9　CGI 工作流程

CGI 有明显的局限性，例如，CGI 进程针对每个请求进行创建，用完就抛弃。如果应用程序接收数千个请求，就会创建大量的语言解释器进程，这将导致服务器停机。于是就有了 CGI 的加强版 FastCGI(Fast Common Gateway Interface)。

FastCGI 使用进程/线程池来处理一连串的请求。这些进程/线程由 FastCGI 服务器管理，而不是 Web 服务器。FastCGI 致力于减少网页服务器与 CGI 程序之间交互的开销，从而使服务器可以同时处理更多的网页请求。

13.2.2 WSGI 简介

FastCGI 的工作模式实际上没有什么太大缺陷，但是在 FastCGI 标准下写异步的 Web 服务还是不方便，所以 WSGI 就被创造出来了。

WSGI(WebServer Gateway Interface)，即服务器网关接口，是 Web 服务器和 Web 应用程序或框架之间的一种简单而通用的接口。从层级上来讲要比 CGI/FastCGI 高级。WSGI 中存在两种角色：接受请求的 Server(服务器)和处理请求的 Application(应用)，它们底层是通过 FastCGI 沟通的。当 Server 收到一个请求后，可以通过 Socket 把环境变量和一个 Callback 回调函数传给后端 Application，Application 在完成页面组装后通过 Callback 把内容返回给 Server，最后 Sever 再将响应返回给 Client。

13.2.3 定义 WSGI 接口

WSGI 接口定义非常简单，它只要求 Web 开发者实现一个函数，就可以响应 HTTP 请求。我们来看一个最简单的 Web 版本的“Hello World！”，代码如下：

```
def application(environ, start_response):
    start_response('200 OK', [('Content-Type', 'text/html')])
    return [b'<h1>Hello World!</h1>']
```

上面的 application()函数就是符合 WSGI 标准的一个 HTTP 处理函数，它接收两个参数。

- environ：一个包含所有 HTTP 请求信息的字典对象。
- start_response：一个发送 HTTP 响应的函数。

整个 application()函数本身没有涉及任何解析 HTTP 的部分，也就是说，把底层 Web 服务器解析部分和应用程序逻辑部分进行了分离，这样开发者就可以专心于一个领域了。

可是要如何调用 application()函数呢？environ 和 start_response 这两个参数需要从服务器获取，所以 application()函数必须由 WSGI 服务器来调用。现在，很多服务器都符合 WSGI 规范，如 Apache 服务器和 Nginx 服务器等。此外，Python 内置了一个 WSGI 服务器，这就是 wsgiref 模块。它是用 Python 编写的 WSGI 服务器的参考实现。所谓“参考实现”是指该实现完全符合 WSGI 标准，但是不考虑任何运行效率，仅供开发和测试使用。

13.3 常用 Web 框架

前面介绍了如何使用 CGI 技术和 WSGI 技术进行 Web 开发，但我们发现当项目规格较大时，不得不花费大量的时间与精力反复解决一些类似的问题。本节我们将介绍如何使用 Web 框架解决此类问题。本节将介绍 4 种 Python 中常用的 Web 框架，并详细介绍 Flask 框架和 Django 框架的使用。

13.3.1 Web 框架简介

如果你要从零开始建立了一些网站，可能会注意到你不得不反复解决一些类似的问题。这样做是令人厌烦的，并且违反了良好编程的核心原则之——DRY(不要重复自己)。即使是有经验的 Web 开发人员在创建新站点时也会遇到类似的问题。在实际开发中，通过使用 Web 框架可以解决这些问题。Python 为我们提供了许多框架，如 Flask、Django、Bottle 等。

1. 什么是 Web 框架

Web 框架全称为 Web 应用框架(Web Application Framework)，用来支持动态网站、网络应用程序及网络服务的开发。Web 框架可以使用任何语言编写，换而言之，每种语言都有对应的 Web 框架用来编写 Web 程序。框架会提供如下常用功能：

- 管理路由。
- 访问数据库。
- 管理会话和 Cookies。
- 创建模板来显示 HTML。
- 促进代码的重用。

应用 Web 框架可以避免重复的开发过程，在创建新网站时，可以重复利用已有的框架，从而节省一部分人力，当然也能节省一部分开销，它可以算得上是网站开发过程的一大利器。

2. Python 常用的 Web 框架

Python 中的 Web 框架可以称得上是百家争鸣，各种框架数不胜数。而关于这些框架孰优孰劣的讨论一直在持续，导致从事 Web 开发的人员不知道如何选择框架。本小节我们就来介绍一些当前主流的 Web 框架的特点。

1) Flask

Flask 是一款轻量级 Web 应用框架，它是基于 Werkzeug 实现的 WSGI 和 Jinja2 模板引擎。Flask 的作者是 Armin Ronacher。Flask 的设计哲学为：只保留核心，通过扩展机制来增加其他功能。Flask 的扩展环境非常丰富，Web 应用的每个环节基本上都有对应的扩展供开发者选择，即便没有对应的扩展，开发者自己也能轻松地实现一个。

2) Django

Django 最初是被用来管理劳伦斯出版集团旗下一些以新闻内容为主的网站的，它是以比利时的吉卜赛爵士吉他手 Django Reinhardt 的名字来命名的，它和 Flask 都是目前使用最广泛的 Web 框架。它能取得如此大的应用市场，很大程度上是因为提供了非常齐备的官方文档及一站式的解决方案，包含缓存、ORM/管理后台、验证、表单处理等，使开发复杂的数据库驱动的网站变得更加简单。但由于 Django 的系统耦合度太高，替换内置的功能往往会占用一些时间。

3) Bottle

Bottle 是一款轻量级的 Web 框架。它只有一个文件，代码只使用了 Python 标准库，却自带了路径 16 映射、模板、简单的数据库访问等 Web 框架组件，而不需要额外依赖其他第三方库。它更符合微框架的定义，语法简单，部署也很方便。

4) Tornado

Tornado 全称 Tornado Web Server，最初是由 Friend Feed 开发的非阻塞式 Web 服务器，现在的 Tornado 框架是被 FaceBook 收购后开源的版本。由于 Tornado 是非阻塞式服务器，速度相当快，每秒钟可以处理数以千计的连接，这意味着对于长轮询、WebSocket 等 Web 服务来说，Tornado 是一个理想的 Web 框架。

13.3.2 Flask 框架的使用

Flask 依赖两个外部库：Werkzeug 和 Jinja2。Werkzeug 是一个 WSGI(在 Web 应用和多种服务器之间的标准 Python 接口)工具集，Jinja2 负责渲染模板。所以，在安装 Flask 之前，需要安装这两个外部库，而最简单的安装方式就是使用 Virtualenv 创建虚拟环境。

1. 安装虚拟环境

安装 Flask 最便捷的方式是使用虚拟环境，Virtualenv 为每个不同项目提供一份 Python 安装。它并没有真正安装多个 Python 副本，但是它却提供了一种巧妙的方式来让各项目环境保持独立。

1) 安装 Virtualenv

Virtualenv 的安装非常简单，可以使用如下命令进行安装：

```
pip install virtualenv
```

安装完成后，可以使用如下命令检测 Virtualenv 版本：

```
virtualenv --version
```

如果运行效果如图 13.9 所示，则说明安装成功。

2) 创建虚拟环境

接下来使用 virtualeny 命令在当前文件夹中创建 Python 虚拟环境。这个命令只有一个必需的参数，即虚拟环境的名字。创建虚拟环境后，当前文件夹中会出现一个子文件夹，名字就是上述命令中指定的参数，与虚拟环境相关的文件都保存在这个子文件夹中。按照惯例，一般虚拟环境会被命名为 venv。执行如下命令：

```
virtualenv venv
```

运行完成后，在运行的目录下，会新增一个 venv 文件夹，它保存在一个全新的虚拟环境中，其中有一个私有的 Python 解释器，如图 13.10 和图 13.11 所示。

```
2. bash
(base) burettedembp:~ burette$ virtualenv --version
virtualenv 20.0.35 from /Users/burette/opt/anaconda2/lib/python2.7/site-packages
/virtualenv/__init__.pyc
(base) burettedembp:~ burette$
```

图 13.10　查看 virtualenv 版本

```
(base) burettedembp:flask burette$ pwd
/Users/burette/PythonCode/chap13/flask
(base) burettedembp:flask burette$ virtualenv venv
created virtual environment CPython2.7.16.final.0-64 in 1059ms
  creator CPython2Posix(dest=/Users/burette/PythonCode/chap13/flask/venv, clear=False, global=False)
  seeder FromAppData(download=False, pip=bundle, wheel=bundle, setuptools=bundle, via=copy, app_data_dir=/Users/b
urette/Library/Application Support/virtualenv)
    added seed packages: pip==20.2.3, setuptools==44.1.1, wheel==0.35.1
  activators PythonActivator,CShellActivator,FishActivator,PowerShellActivator,BashActivator
(base) burettedembp:flask burette$ ls
venv
(base) burettedembp:flask burette$
```

图 13.11　创建虚拟环境

3)　激活虚拟环境

在使用这个虚拟环境之前，需要先将其激活。可以通过下面的命令激活这个虚拟环境：

```
venv\Scripts\activate
```

2. 安装 Flask

大多数 Python 包都使用 pip 实用工具安装，使用 virtualenv 创建虚拟环境时会自动安装 pip。激活虚拟环境后，pip 所在的路径会被添加进 PATH。使用如下命令安装 Flask：

```
pip install flask
```

运行效果如图 13.12 所示。

```
2. bash
(base) burettedembp:flask burette$ pip3 install flask
Looking in indexes: http://mirrors.aliyun.com/pypi/simple/
Collecting flask
  Downloading http://mirrors.aliyun.com/pypi/packages/f2/28/2a03252dfb9ebf377f40fba6a7841b47083260bf8bd8e737b0c69
52df83f/Flask-1.1.2-py2.py3-none-any.whl (94kB)
     |████████████████████████████████| 102kB 2.1MB/s
Requirement already satisfied: click>=5.1 in /Library/Frameworks/Python.framework/Versions/3.5/lib/python3.5/site
-packages (from flask) (7.0)
Requirement already satisfied: Jinja2>=2.10.1 in /Library/Frameworks/Python.framework/Versions/3.5/lib/python3.5/
site-packages (from flask) (2.10.3)
Requirement already satisfied: Werkzeug>=0.15 in /Library/Frameworks/Python.framework/Versions/3.5/lib/python3.5/
site-packages (from flask) (0.16.0)
Requirement already satisfied: itsdangerous>=0.24 in /Library/Frameworks/Python.framework/Versions/3.5/lib/python
3.5/site-packages (from flask) (1.1.0)
Requirement already satisfied: MarkupSafe>=0.23 in /Library/Frameworks/Python.framework/Versions/3.5/lib/python3.
5/site-packages (from Jinja2>=2.10.1->flask) (1.1.1)
Installing collected packages: flask
Successfully installed flask-1.1.2
WARNING: You are using pip version 19.3.1; however, version 20.2.4 is available.
You should consider upgrading via the 'pip install --upgrade pip' command.
(base) burettedembp:flask burette$
```

图 13.12　安装 Flask

安装完成以后，可以通过如下命令查看所有安装包：

```
pip list --format columns
```

从图 13.13 可以看到，已经成功安装了 Flask。

```
(base) burettedembp:flask burette$ pip3 list --format columns
Package                          Version
-------------------------------- ------------
absl-py                          0.8.1
aiohttp                          3.6.2
alabaster                        0.7.12
altgraph                         0.17
appdirs                          1.4.4
appnope                          0.1.0
APScheduler                      3.6.3
arch                             4.11
astor                            0.8.0
async-timeout                    3.0.1
attrs                            19.3.0
audioread                        2.1.8
Automat                          20.2.0
Babel                            2.7.0
backcall                         0.1.0
entrypoints                      0.3
filelock                         3.0.12
Flask                            1.1.2
funcy                            1.14
future                           0.18.2
```

图 13.13　查看所有安装包

3. 第一个 Flask 程序

一切准备就绪，现在我们开始编写第一个 Flask 程序，由于是第一个 Flask 程序，当然要从最简单的“Hello World!”开始。

实例 02：“Hello World!”

在 venv 同级目录下，创建一个 01 文件夹，在该文件夹下创建一个 hello.py 文件，代码如下：

```
from flask import Flask

app = Flask(__name__)

@app.route('/')
def hello_world():
    return 'Hello World!'

if __name__ == '__main__':
    app.run(debug=True)
```

扫码观看实例讲解

运行 hello.py 文件，运行效果如图 13.14 所示。

```
(base) burettedembp:01 burette$ ls
hello.py
(base) burettedembp:01 burette$ python3 hello.py
 * Serving Flask app "hello" (lazy loading)
 * Environment: production
   WARNING: This is a development server. Do not use it in a production deployment.
   Use a production WSGI server instead.
 * Debug mode: on
 * Running on http://127.0.0.1:5000/ (Press CTRL+C to quit)
 * Restarting with stat
 * Debugger is active!
 * Debugger PIN: 127-653-732
127.0.0.1 - - [25/Oct/2020 00:22:04] "GET / HTTP/1.1" 200 -
127.0.0.1 - - [25/Oct/2020 00:22:04] "GET /favicon.ico HTTP/1.1" 404 -
```

图 13.14　运行 hello.py 文件

然后在浏览器中，输入网址 http://127.0.0.1:5000/，运行效果如图 13.15 所示。

图 13.15　输出 Hello World!

那么，这段代码做了什么？我们根据代码行号逐行分析一下。

- 第 1 行，导入了 Flask 类。这个类的实例将会是我们的 WSGI 应用程序。
- 第 3 行，创建一个该类的实例。第一个参数是应用模块或者包的名称。如果使用单一的模块(如本实例)，则应该使用__name__参数。如果作为模块导入，则应该设置参数为“__main__”或实际的导入名。这样 Flask 才知道到哪里去找模板、静态文件等。
- 第 5 行，使用 route()装饰器告诉 Flask 什么样的 URL 能触发函数。
- 第 6 行，定义函数，这个函数返回要显示在用户浏览器中的信息。
- 第 8 行，其中“if _name 执行的时候才会运行，而不是在模块导入的时候运行。
- 第 9 行，使用 run()函数来让应用运行在本地服务器上。

说明：要关闭服务器，可按下 Ctrl+C 键。

4. 开启调试模式

run()方法虽然适用于启动本地的开发服务器，但是每次修改代码后都要手动重启它。这样并不够方便，如果启用了调试支持，服务器会在代码修改后自动重新载入，并在发生错误时提供一个调试器。有两种途径来启用调试模式。

一种是直接在应用对象上设置：

```
app.debug = True
app.run()
```

另一种是作为 run()方法的一个参数传入：

```
app.run(debug=True)
```

两种方法的效果完全一致，都能实现启用调试模式。

5. 路由

客户端(例如浏览器)把请求发送给 Web 服务器，Web 服务器再把请求发送给 Flask 程序实例。程序实例需要知道对每个 URL 请求运行哪些代码，所以保存了一个 URL 到 Python 函数的映射关系。像这种处理 URL 和函数之间关系的程序称为路由。

在 Flask 程序中定义路由的最简便方式，是使用程序实例提供的 app.route 修饰器，把修饰的函数注册为路由。下面的代码为使用修饰器声明路由的方法：

```
@app.route('/')
def hello_world():
    return 'Hello World!'
```

说明：修饰器是 Python 语言的标准特性，可以使用不同的方式修改函数的行为。常用方法是使用修饰器把函数注册为事件的处理程序。

1) 变量规则

要给 URL 添加变量部分，你可以把这些特殊的字段标记为<variable_name>，这个部分将会作为命名参数传递到你的函数。规则可以用<converter：variable_name>指定一个可选的转换器。

实例 03：根据参数输出相应信息

创建 02 文件夹，在该文件夹下创建 add-params.py 文件，以实例 01 代码为基础，添加代码：

扫码观看实例讲解

```
from flask import Flask

app = Flask(__name__)

@app.route('/')
def hello_world():
    return 'Hello World!'

@app.route('/user/<username>')
def show_user_profile(username):
    return 'User %s' % username

@app.route('/post<int:post_id>')
def show_post(post_id):
    return 'Post %d' % post_id

if __name__ == '__main__':
    app.run(debug=True)
```

上述代码中使用了转换器，主要有下面几种。

- int：接受整数。
- float：同 int，但是接受浮点数。
- path：和默认的相似，但也接受斜线。

运行 hello.py 文件，运行结果如图 13.16 和图 13.17 所示。

127.0.0.1:5000/user/张三

User 张三

图 13.16 获取用户信息

127.0.0.1:5000/post/2

Post 2

图 13.17 获取文章信息

2) 构造 URL

当 Flask 匹配 URL 后，可以使用 url_for()函数构造 URL，在这个函数中，可以使用函数名作为第一个参数，也可以使用应用 URL 规则定义的变量名称作为参数。

实例 04：使用 urlfor()函数获取 URL 信息

创建 03 文件夹，在该文件夹下创建 url_for.py，以实例 02 为基础添加如下代码：

扫码观看实例讲解

```
from flask import Flask, url_for

app = Flask(__name__)

#其他代码省略

@app.route('/url/')
def get_url():
    return url_for('show_post', post_id=2)


if __name__ == '__main__':
    app.run(debug=True)
```

上述代码中，设置/url/路由，访问该路由时，返回 show_post 函数的 URL 信息。运行结果如图 13.18 所示。

```
← → C  ⓘ 127.0.0.1:5000/url/
/post/2
```

图 13.18 url_for 函数应用效果

3) HTTP 方法

HTTP(与 Web 应用会话的协议)有许多不同的访问 URL 方法。默认情况下，路由只响应 GET 请求，但是通过 route()装饰器传递 methods 参数可以改变这个行为。代码如下：

```
@app.route('/login',methods=['GET','POST'])
def login():
  if request.method == 'POST':
      do_the_login()
  else:
      show _the login_form()
```

HTTP 方法(也经常被称作“谓词”)通知服务器，即客户端对请求的页面所做的处理。常见的方法如表 13.3 所示。

表 13.3 常用的 HTTP 方法及说明

方 法 名	说 明
GET	浏览器通知服务器：将获取页面上的信息并发给浏览器
HEAD	浏览器通知服务器：获取信息，但是只关心消息头。应用应像处理 GET 请求一样来处理它，但是不分发实际内容。在 Flask 中你完全不需要人工干预，底层的 Werkzeug 库已经替你处理好了

续表

方 法 名	说　明
POST	浏览器通知服务器：在 URL 上发布新信息。并且，服务器必须确保数据已存储且仅存储一次。这是 HTML 表单通常发送数据到服务器的方法
PUT	类似 POST，但是服务器可能触发了存储过程多次，多次覆盖掉旧值。考虑到传输中连接可能会丢失，在这种情况下,浏览器和服务器之间的系统可能安全地第二次接收请求，而不破坏其他东西。因为 POST 只触发一次，所以使用 POST 是不可能的
DELETE	删除用户指定的信息
OPTIONS	给用户端提供一个快捷键来弄清 URL 支持哪些 HTTP 方法。从 Flask 0.6 开始，实现了自动处理

6. 静态文件

动态 Web 应用也会需要静态文件，通常是 CSS 和 JavaScript 文件。Flask 可以向已经配置好的 Web 服务器提供静态文件，只要在包或模块所在的目录中创建一个名为 static 的文件夹，在应用中使用“/static”即可访问。

给静态文件生成 URL，使用特殊的“static”端点名，可以应用如下代码：

```
url_for('static',filename='style.css')
```

这个文件应该存储在文件系统上的“static/style.css”中。

7. 模板

模板是一个包含响应文本的文件，其中包含用占位变量表示的动态部分，其具体值只在请求的上下文中才能知道。使用真实值替换变量，再返回最终得到的响应字符串，这一过程称为渲染。为了渲染模板，Flask 使用了一个名为 Jinja2 的强大模板引擎。

1)　渲染模板

默认情况下，Flask 在程序文件夹中的 templates 子文件夹中寻找模板。下面通过一个实例学习如何渲染模板。

实例 05：渲染模板

创建 04 文件夹，在该文件夹中创建 templates 文件夹，然后创建两个文件，分别命名为 index.html 和 user.html。最后在 04 文件夹下创建 render.py 文件，渲染这些模板。目录结构如图 13.19 所示。

扫码观看实例讲解

图 13.19　目录结构

templates/index.html 代码如下：

```
<!DOCTYPE html>
<html lang="en">
<head>
    <meta charset="UTF-8">
</head>
<body>
    <h1>Hello World!</h1>
</body>
</html>
```

templates/user.html 代码如下：

```
<!DOCTYPE html>
<html lang="en">
<head>
    <meta charset="UTF-8">
    <title>Title</title>
</head>
<body>
    <h1>Hello,{{ name }}!</h1>
</body>
</html>
```

render.py 代码如下：

```
from flask import Flask, render_template
app = Flask(__name__)

@app.route('/')
def hello_world():
    return render_template('index.html')

@app.route('/user/<username>')
def show_user_profile(username):
    # 显示该用户名的用户信息
    return render_template('user.html', name=username)

if __name__ == "__main__":
    app.run(debug=True)
```

Flask 提供的 render_template 函数把 Jinja2 模板引擎集成到了程序中。render_template 函数的第一个参数是模板的文件名。随后的参数都是键值对，表示模板中变量对应的真实值。在这段代码中，第二个模板收到一个名为 name 的变量。上述代码中的“name=username”是关键字参数。左边的 name 表示参数名，就是模板中使用的占位符；右边的 username 是当前作用域中的变量，表示同名参数的值。

2) 变量

实例 04 在模板中使用的{{name}}结构表示一个变量，它是一种特殊的占位符，告诉模板引擎这个位置的值从渲染模板时使用的数据中获取。Jinja2 能识别所有类型的变量，

甚至是一些复杂的类型，例如列表、字典和对象。在模板中使用变量的一些示例如下：

```
<p>从字典中取一个值：{{mydict['key']}}.</p>
<p>从列表中取一个值：{{mylist[3]}}.</p>
<p>从列表中取一个带索引的值：{{mylist[myintvar]}}.</p>
<p>从对象的方法中取一个值：{{myobj.somemethod()}}.</p>
```

可以使用过滤器修改变量，过滤器名添加在变量名之后，中间使用竖线分隔。例如，下述模板以首字母大写形式显示变量 name 的值：

```
Hello,{{ name|capitalize }}
```

Jinja2 提供的部分常用过滤器及其说明如表 13.4 所示。

表 13.4 常用过滤器及其说明

名　称	说　明
safe	渲染值时不转义
capitalize	把值的首字母转换成大写，其他字母转换成小写
lower	把值转换成小写形式
upper	把值转换成大写形式
title	把值中每个单词的首字母都转换成大写
trim	把值的首尾空格去掉
striptags	渲染之前把值中所有的 HTML 标签都删掉

safe 过滤器值需要特别说明一下。

默认情况下，出于安全考虑，Jinja2 会转义所有变量。例如，一个变量的值为'<h1>Hello</h1>'，Jinja2 会将其渲染成'<h1>Hello</h1>'，浏览器能显示这个 h1 元素，但不会进行解释。很多情况下需要显示变量中存储的 HTML 代码，这时就可使用 safe 过滤器，如“{{content|safe}}”。

3) 控制结构

Jinja2 提供了多种控制结构，可用来改变模板的渲染流程。本节使用简单的例子介绍其中最常用的控制结构。

下面这个例子展示了如何在模板中使用条件控制语句：

```
{% if user %}
Hello,{{ user }}!
{% else %}
Hello,Stranger!
{% end if %}
```

另一种常见需求是在模板中渲染一组元素。以下代码展示了如何使用 for 循环实现这一需求：

```
<ul>
{% for comment in comments %}
<li>{{ comment }}</li>
{% endfor %}
</ul>
```

Jinja2 还支持宏，宏类似于 Python 代码中的函数。代码如下：

```
{% macro render_comment(comment) %}
<li>{{ comment }}</li>
{% endmacro %}
<ul>
{% for comment in comments %}
{{ render_comment(comment) }}
{% endfor %}
</ul>
```

为了重复使用宏，我们可以将其保存在单独的文件中，然后在需要使用的模板中导入如下代码：

```
{% import 'macros.html' as macros %}
<ul>
{% for comment in comments %}
{{ macros.render_comment(comment)}}
{% endfor %}
</ul>
```

需要在多处重复使用的模板代码片段可以写入单独的文件，再包含在所有模板中，以避免重复：

```
{% include 'common.html' %}
```

13.3.3 Django 框架的使用

Django 是基于 Python 的重量级开源 Web 框架。Django 拥有高度定制的 ORM 和大量的 API，简单灵活的视图编写，优雅的 URL，适于快速开发的模板和强大的管理后台，这使得它在 Python Web 开发领域拥有着不可动摇的地位。Instagram、FireFox、国家地理杂志等著名网站都使用了 Django 进行开发。

1. 安装 DjangoWeb 框架

安装 DjangoWeb 框架有 3 种方式，分别是使用 pip 安装 Django、使用 virtualenv 安装 Django 和使用 Anaconda 安装 Django，下面分别介绍。

1) 使用 pip 安装 Django

在命令行中执行 pip install django 命令，即可安装默认版本的 Django，如图 13.20 所示。

```
3. bash
(base) burettedembp:~ burette$ pip3 install Django
Looking in indexes: http://mirrors.aliyun.com/pypi/simple/
Collecting Django
  Downloading http://mirrors.aliyun.com/pypi/packages/06/30/3b7e846c1a2f5435f52c
408442e09c0c35ca6fa1c4abbad0ccf4d42fb172/Django-2.2.16-py3-none-any.whl (7.5MB)
     |████████████████████████████████| 7.5MB 4.3MB/s
Requirement already satisfied: sqlparse>=0.2.2 in /Library/Frameworks/Python.fra
mework/Versions/3.5/lib/python3.5/site-packages (from Django) (0.3.1)
Requirement already satisfied: pytz in /Library/Frameworks/Python.framework/Vers
ions/3.5/lib/python3.5/site-packages (from Django) (2019.3)
Installing collected packages: Django
Successfully installed Django-2.2.16
WARNING: You are using pip version 19.3.1; however, version 20.2.4 is available.
You should consider upgrading via the 'pip install --upgrade pip' command.
(base) burettedembp:~ burette$
```

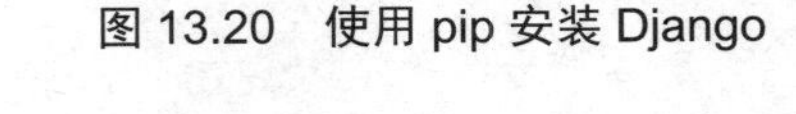

图 13.20　使用 pip 安装 Django

2)　使用 virtualenv 安装 Django

在多个项目的复杂工作中，常常会遇到使用不同版本的 Python 包，而虚拟环境则会处理各个包之间的隔离问题。virtualenv 是一种虚拟环境，该环境中可以安装 Django，在命令行中执行 pip install virtualenv 命令即可。安装完成后，在命令行中执行 virtualenv/Users/burette/PythonCode/chap13/Django/venv，即可在/Users/burette/ PythonCode/ chap13/Django 目录下的文件夹中创建一个名为 venv 的虚拟环境。最后在激活后的 venv 中执行 pip install django==2.0 命令，就可以安装 2.0 版本的 Django 了。

3)　使用 Anaconda 安装 Django

Anaconda 也是一种虚拟环境，严格来讲，它是一种包管理工具，包含了 conda、Python 等 180 多个科学包及其依赖。

Anaconda 的下载地址为 https://www.continuum.io/ downloads，下载完成按照提示安装即可。安装完成后输入以下命令创建虚拟环境：

```
conda create -n venv1 python=3.6
```

执行上面的命令后，系统会创建一个基于 Python 3.6 的虚拟环境。执行 activate venvl 激活环境，然后执行 conda install django 命令安装 Django，如图 13.21 所示。

```
3. bash
The following packages will be downloaded:

    package                    |            build
    ---------------------------|-----------------
    asgiref-3.3.0              |             py_0          21 KB  https://mirror
s.tuna.tsinghua.edu.cn/anaconda/pkgs/main
    django-3.1.2               |             py_0         3.1 MB  https://mirror
s.tuna.tsinghua.edu.cn/anaconda/pkgs/main
    krb5-1.17.1                |       hddcf347_0         1.1 MB  https://mirror
s.tuna.tsinghua.edu.cn/anaconda/pkgs/main
    libpq-12.2                 |       h051b688_0         2.0 MB  https://mirror
s.tuna.tsinghua.edu.cn/anaconda/pkgs/main
    psycopg2-2.8.5             |  py36hddc9c9b_0          143 KB  https://mirror
s.tuna.tsinghua.edu.cn/anaconda/pkgs/main
    sqlparse-0.4.1             |             py_0          35 KB  https://mirror
s.tuna.tsinghua.edu.cn/anaconda/pkgs/main
    ------------------------------------------------------------
                                           Total:         6.3 MB

The following NEW packages will be INSTALLED:

  asgiref            anaconda/pkgs/main/noarch::asgiref-3.3.0-py_0
  django             anaconda/pkgs/main/noarch::django-3.1.2-py_0
  krb5               anaconda/pkgs/main/osx-64::krb5-1.17.1-hddcf347_0
  libpq              anaconda/pkgs/main/osx-64::libpq-12.2-h051b688_0
  psycopg2           anaconda/pkgs/main/osx-64::psycopg2-2.8.5-py36hddc9c9b_0
  pytz               anaconda/pkgs/main/noarch::pytz-2020.1-py_0
  sqlparse           anaconda/pkgs/main/noarch::sqlparse-0.4.1-py_0


Proceed ([y]/n)? y


Downloading and Extracting Packages
libpq-12.2           | 2.0 MB    | ##################################### | 100%
sqlparse-0.4.1       | 35 KB     | ##################################### | 100%
asgiref-3.3.0        | 21 KB     | ##################################### | 100%
django-3.1.2         | 3.1 MB    | ##################################### | 100%
psycopg2-2.8.5       | 143 KB    | ##################################### | 100%
krb5-1.17.1          | 1.1 MB    | ##################################### | 100%
Preparing transaction: done
Verifying transaction: done
Executing transaction: done
(venv1) burettedembp:~ burette$
```

图 13.21　使用 Anaconda 安装 Django

2. 创建一个 Django 项目

本小节我们将开始讲解如何使用 Django 创建一个项目，步骤如下。

(1) 首先在/Users/burette/PythonCode/chap13/django(读者可以根据实际情况选择)目录下创建用于保存项目文件的目录。

(2) 在 django 文件夹中创建 environments 目录，用于放置虚拟环境，然后打开命令行，输入如下创建环境的命令：

```
virtualenv /Users/burette/PythonCode/chap13/django
```

(3) 使用 django-admin 命令创建一个项目：

```
django-admin startproject demo
```

(4) 使用 Pycharm 打开 demo 项目，查看目录结构，如图 13.22 所示。

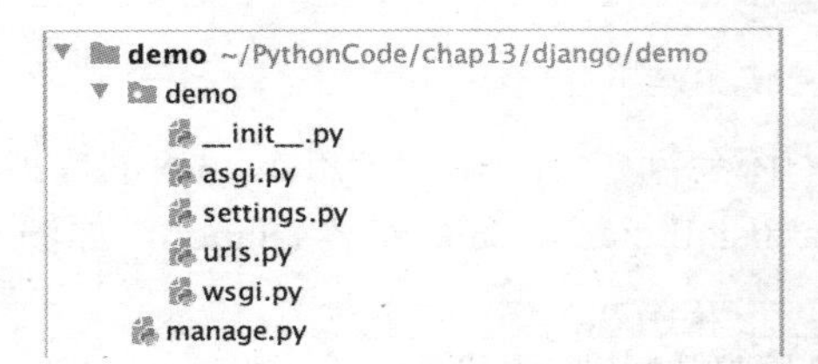

图 13.22 Django 项目目录结构

项目已经创建完成，Django 项目中的文件及说明如表 13.5 所示。

表 13.5 Django 项目中的文件及说明

文 件	说 明
manage.py	Django 程序执行的入口
db.sqlite3	SQLite 的数据库文件，Django 默认使用这种小型数据库存取数据，非必需
templates	Django 生成的 HTML 模板文件夹，我们也可以在每个 app 中使用模板文件夹
demo	Django 生成的和项目同名的配置文件夹
settings.py	Django 总的配置文件，可以配置 App、数据库、中间件、模板等诸多选项
urls.py	Django 默认的路由配置文件
wsgi.py	Django 实现的 WSGI 接口的文件，用来处理 Web 请求

(5) 在 Pycharm 中单击运行项目，或者在虚拟环境命令行中执行以下命令运行项目：

```
python manage.py run server
```

此时可以看到 Web 服务器已经开始监听 8000 端口的请求了。在浏览器中输入 http:/127.0.0.1:8000，即可看到创建的 Diango 项目页面，如图 13.23 所示。

3. 创建 App

在 Django 项目中，推荐使用 App 来完成不同模块的任务，通过执行如下命令可以启用一个应用程序：

```
python manage.py startapp app1
```

此时，在项目的根目录下可以看到一个名称为 appl 的目录，如图 13.24 所示。

图 13.23　Django 项目页面

```
▼ demo ~/PythonCode/chap13/django/demo
  ▼ app1
    ▶ migrations
      __init__.py
      admin.py
      apps.py
      models.py
      tests.py
      views.py
  ▶ demo
    manage.py
```

图 13.24　Django 项目的 App 目录结构

Django 项目中的文件及说明如表 13.6 所示。

表 13.6　Django 项目中 App 目录的文件及说明

文　件	说　明
migrations	执行数据库迁移生成的脚本
admin.py	配置 Django 管理后台的文件
apps.py	单独配置添加的每个 App 的文件
models.py	创建数据库数据模型对象的文件
tests.py	用来编写测试脚本的文件
views.py	用来编写视图控制器的文件

下面将已经创建的 App 添加到 scttings.py 配置文件中，然后将其激活，否则 App 内的文件都不会生效，效果如图 13.25 所示。

```
33  INSTALLED_APPS = [
34      'django.contrib.admin',
35      'django.contrib.auth',
36      'django.contrib.contenttypes',
37      'django.contrib.sessions',
38      'django.contrib.messages',
39      'django.contrib.staticfiles',
40      'app1'
41  ]
```

图 13.25　将创建的 App 添加到 settings.py 配置文件中

4. 数据模型(models)

1) 在 App 中添加数据模型

在 appl 的 models.py 中添加如下代码：

```
from django.db import models

class Person(models.Model):
 """
 编写 Person 类,数据模型应该继承于 models.Model 或其子类
 """
 # 第一个字段
 first_name = models.CharField(max_length=30)
 # 第二个字段
 last_name = models.CharField(max_length=30)
```

Person 模型中的每一个属性都指明了 models 下面的一个数据类型，代表了数据库中的一个字段。上面的类在数据库中会创建如下的表：

```
CREATE TABLE myapp_person(
     "id" serial NOT NULL PRIMARY KEY,
     "first_name" varchar(30) NOT NULL,
     "last_name" varchar(30) NOT NULL,
)
```

对于一些共有字段，为了简化代码，可以使用如下的方式实现：

```
from django.db import models

class CreateUpdate(models.Model):
   create_at = models.DateTimeField(auto_created=True)
   updated_at = models.DateTimeField(auto_created=True)

   class Meta:
      abstact = True

class Person(CreateUpdate):  # 继承 CreateUpdate 类
   """
   编写 Person 类,数据模型应该继承于 models.Model 或其子类
   """
   # 第一个字段
   first_name = models.CharField(max_length=30)
   # 第二个字段
   last_name = models.CharField(max_length=30)

class Order(CreateUpdate):  # 继承 CreateUpdate 类
   order_id = models.CharField(max_length=30, db_index=True)
   order_desc = models.CharField(max_length=120)
```

这时，我们用于创建日期和修改日期的数据模型就可以继承于 CreateUpdate 类了。

上面讲解了数据模型的创建方式，下面介绍 django.db.models 提供的常见的字段类

型，如表 13.7 所示。

表 13.7　Django 数据模型中的常见字段类型及说明

字段类型	说　明
AutoField	一个 id 自增的字段，但创建表过程 Django 会自动添加一个自增的主键字段
BinaryField	一个保存二进制源数据的字段
BooleanField	一个布尔值的字段，应该指明默认值，管理后台中默认呈现为 CheckBox 形式
NullBooleanField	可以为 None 值的布尔值字段
CharField	字符串值字段，必须指明参数 max_length 值，管理后台中默认呈现为 TextInput 形式
TextField	文本域字段，对于大量文本应该使用 TextField。管理后台中默认呈现为 TextArea 形式
DateField	日期字段，代表 Python 中 datetime.date 的实例。管理后台中默认呈现 TextInput 形式
DateTimeField	时间字段，代表 Python 中 datetime.datetime 实例。管理后台默认呈现 Textinput
EmailField	邮件字段，是 CharField 的实现，用于检查该字段值是否符合邮件地址格式
FileField	上传文件字段，管理后台默认呈现 ClearableFilelnput 形式
ImageField	图片上传字段，是 FileField 的实现。管理后台默认呈现 ClearableFilelnput 形式
IntegerField	整数值字段，在管理后台默认呈现 NumberInput 或者 Textnput 形式
FloatField	浮点数值字段，在管理后台默认呈现 NumberInput 或者 TextInput 形式
SlugField	只保存字母数字和下划线和连接符，用于生成 url 的短标签
UUIDField	保存一般统一标识符的字段，代表 Python 中 UUID 的实例，建议提供默认值 default
ForeignKey	外键关系字段，需提供外检的模型参数，和 on_delete 参数(指定当该模型实例删除的时候，是否删除关联模型)，如果要外键的模型出现在当前模型的后面，需要在第一个参数中使用单引号
ManyToManyField	多对多关系字段，与 ForeignKey 类似
OneToOneField	一对一关系字段，常用于扩展其他模型

2)　执行数据库迁移

(1) 创建完数据模型后，开始做数据库迁移，首先我们不希望用 Django 默认自带的 SQLite 数据库，我们想使用 MySQL 数据库，在项目的 settings.py 配置文件中找到如下的配置：

```
DATABASES = {
    'default':{
    'ENGINE':'django.db.backends.sqlite3',
    'NAME":os.path.join(BASE_DIR,'db.sqlite3'),
    }
}
```

替换为：

```
DATABASES = {
    'default': {
    'ENGINE': 'django.db.backends.mysql',
    'NAME': 'demo',
    'USER': 'root',
    'PASSWORD': '您的数据库密码'
    }
}
```

(2) 创建数据库，在终端连接数据库，执行以下命令：

```
mysql -u root -p
```

(3) 按照提示输入数据库密码，连接成功后执行如下语句创建数据库：

```
create database demo default character set utf8;
```

创建成功后，即可在 Django 中使用数据库迁移，并在 MySQL 中创建数据表了。

(4) 然后找到/Users/burette/PythonCode/chap13/Django/demo/demo/__init__.py 文件，在行首添加如下代码：

```
import pymysql
pymysql.install_as_MySQLdb()  #为了使 pymysql 发挥最大数据库操作性能
```

(5) 执行以下命令，用来创建数据表：

```
python manage.py makemigrations #生成迁移文件
python nmanage.py migrate #迁移数据库，创建新表
```

Django 会默认按照“app 名称+下划线+模型类名称”的形式创建数据表，对于上面这两个模型，Django 创建了如下表：

- Person 类对应 appl_person 表。
- Order 类对应 appl_order 表。

CreateUpdate 是个抽象类，不会创建表结构。

3) 了解 Django 数据 API

这里所有的命令将在 Django 的交互命令行中执行，在项目根目录下启用交互命令行，执行以下命令：

```
python manage.py shell  #启用交互命令行
```

导入数据模型命令：

```
from app1.models import Person,Order  #导入 Person 和 Order 两个类
```

(1) 创建数据有如下两种方法：

① 方法 1：

```
p=Person.objects.create(first_name="hugo",last_name="zhang")
```

② 方法 2：

```
p=Person(first_name="hugo",last_name="Li")
```

```
p.save()  #必须调用 save()才能写入数据库
```

(2) 查询数据。

① 查询所有数据：

```
Person.objects.all()
```

② 查询单个数据：

```
Person.objects.get(first_name="hugo")  #括号内需要加入确定的条件，因为 get 方法只返回一个确定值
```

③ 查询指定条件的数据：

```
Person.objects.filter(first_name__exact="hugo")   # 指定 first_name 字段值必须为 hugo
Person.objects.filter(last_name_iexact="zhang") # 查询 last_name 字段值必须为 zhang，且忽略大小写
Person.objects.filter(id_gt=1)   # 查找所有 id 值大于 1 的
Person.objects.filter(id_lt=100)   # 查找所有 id 值小于 100 的
Person.objects.exclude(created_at_gt=datetime.datetime.now(tz=datetime.timezone.utc))   # 排除所有创建时间大于现在时间的，exclude 的用法是排除，和 filter 正好相反
Person.objects.filter(first_name__contains="h").order_by('id')   # 过滤出所有 first_name 字段值包含 h 的然后将之前的查询结果按照 id 进行排序
Person.objects.filter(first_name_icontains="h") # 查询所有 first_name 值不包含 h 的
```

(3) 修改查询到的数据。

修改之前需要查询到对应的数据或者数据集，代码如下：

```
p = Person.objects.get(first_name="hugo")
```

然后按照需求进行修改，例如：

```
p.first_name = "john"
p.last_name = "wang"
p.save()
```

注意： *必须调用 save()方法才能保存到数据库。*

当然也可以使用 get_or_create，如果数据存在就修改，不存在就创建，代码如下：

```
p, is_created = Person.objects.get_or_create(
   first_name="hugo",
   defaults={"last_name": "wang"}
)
```

get_or_create 返回一个元组，一个数据对象和一个布尔值，defaults 参数是一个字典。当获取数据的时候 defaults 参数里面的值不会被传入，也就是获取的对象只存在 defaults 之外的关键字参数的值。

(4) 删除数据。

删除数据同样需要你先查找到对应的数据，然后进行删除，代码如下：

```
Person.objects.get(id=1).delete()
(1, ({'app1.Person':1}))
```

技巧：大多数情况下我们不会直接删除数据库中的数据，我们希望在数据模型定义的时候，添加一个 status 字段，值为 True 和 False，用来标记该数据是否是可用状状态。在想要删除该数据的时候，将其值置为 False 即可。

5. 路由(urls)

Django 的 URL 路由流程如下。

① Django 查找全局 urlpatterns 变量(urls.py)。

② 按照先后顺序，对 URL 逐一匹配 urlpatterns 每个元素。

③ 找到第一个四配时停止查找，根据匹配结果执行对应的处理函数。

④ 如果没有找到匹配或出现异常，Django 进行错误处理。

Django 支持三种表达格式，分别如下：

(1) 精确字符串格式，如 articles/2017/。

一个精确 URL 四配一个操作函数；最简单的形式，适合对静态 URL 的响应：URL 字符串不以 / 开头，但要以 / 结尾。

(2) Django 的转换格式：<类型:变量名>，如 articles/<int:year>/。

该格式是一个 URL 模板，在匹配 URL 时获得一批变量作为参数：该格式也是一种常用形式，用于通过 URL 获取和传递参数。表 13.8 提供了一些格式转换类型及其说明。

表 13.8 格式转换类型及说明

格式转换类型	说 明
str	匹配除分隔符(/)外的非空字符，默认类型<year>等价于<str:year>
int	匹配 0 和正整数
slug	匹配字母、数字、横杠、下划线组成的字符串，str 的子集
uuid	匹配格式化的 UUID，如 123454d3-6885-417e-a8a8-6c931e272f00
path	匹配任何非空字符串，包括路径分隔符，是全集

(3) 正则表达式格式，如 articles/(?p<year>[0-9]{4})/。

借助正则表达式丰富语法表达一类 URL(而不是一个)；可以通过<>提取变量作为处理函数的参数，是高级用法；使用该方法时，前面不能使用 path()函数，必须使用 re_path()函数；表达的全部是 str 格式，不能是其他类型。使用正则表达式有两种形式，分别如下。

① 不提取参数：比如 re_path(articles/([0-9]{4})/，表示四位数字，每一个数字都是 0 到 9 的任意数字。

② 提取参数：命名形式为(?P<name>patterm)，比如 re_path(articles/(?p<year>[0-9]{4}))/，将正则表达式提取的四位数字(每一个数字都是 0 到 9 的任意数字)命名为 year。

注意：当网站功能较多时，可以在该功能文件夹里建一个 urls.py 文件，将该功能模块下的 URL 全部写在该文件里，但是要在全局的 urls.py 中使用 include 方法实现 URL 映射分发。

编写 URL 的三种情况如下。

- 普通 URL：re_path('^index/',view.index), re_path('^home/', view.Home.as_view())
- 顺序传参：re_path(r^detail-(\d+)-(\d+).html/', views.detail)
- 关键字传参：re_path(r'^detail-(?P<nid>\d+)-(?P<uid>\d+).html/', views.detail)

推荐使用关键字传参的路由方法，找到项目根目录的配置文件夹 demo 下面的 urls.py，打开该文件，并添加如下代码：

```
from django.contrib import admin
from django.urls import path,include

urlpatterns = [
    path('admin/',admin.site.urls),
    path('app1/', include('app1.urls'))
]
```

然后在 app1 下面创建一个 urls.py 文件，并与其中编写属于这个模块的 url 规则：

```
from app1 import views as app1_views

urlpatterns = [
    # 精确匹配视图
    path('articles/2003/', app1_views.special_case_2003),
    # 匹配一个整数
    path('articles/<int:year>/', app1_views.year_archive),
    # 匹配两个位置的整数
    path('articles/<int:year>/<int:month>/', app1_views.month_archive),
    # 匹配两个位置的整数和一个 slug 类型的字符串
    path('articles/<int:year>/<int:month>/<slug:slug>/',
app1_views.article_detail),
]
```

如果想要使用正则表达式匹配，则使用下面的代码：

```
from django.urls import re_path
from app1 import views as views

urlpatterns = [
    # 精确匹配
    path('articles/2003/', views.special_case_2003),
    # 按照正则表达式匹配 4 位数字年份
    re_path(r'^articles/(?P<year>[0-9]{4})/$', views.year_archive),
    # 按照正则表达式匹配 4 位数字年份和 2 位数字月份
    re_path(r'^articles/(?P<year>[0-9]{4})/(?P<month>[0-9]{2})/$',
views.month_archive),
    # 按照正则表达式匹配 4 位数字年份和 2 位数字月份和一个至少 1 位的 slug 类型的字符串
    re_path(r'^articles/(?P<year>[0-9]{4})/(?P<month>[0-
9]{2})/(?P<slug>[ \w-]+)/$',views.article_detail),
]
```

6. 表单(forms)

在 appl 文件夹下创建一个 forms.py 文件，添加如下类代码：

```
from django import forms
 class PersonForm(forms.Form):
    first_name = forms.CharField(label='你的名字', max_length=20)
    last_name = forms.CharField(label='你的姓氏', max_length=20)
```

上面定义了一个 PersonForm 表单类，两个字段类型为 forms.CharFicld，类似于 models.CharField，first_name 指字段的 label 为你的名字，并且指定该字段最大长度为 20 个字符。max_length 参数可以指定 forms.CharField 的验证长度。

PersonForm 类将呈现为下面的 HTML 代码：

```
<label for="你的名字">你的名字:</label>
<input id="first_name" type="text" name="first_name" maxlength="20"
required />
<label for="你的姓氏">你的姓氏: </label>
<input id="last_name" type="text" name="last_name" maxlength="20"
required />
```

表单类 forms.Form 有一个 is_valid()方法，可以在 views.py 中验证提交的表单是否符合规则。对于提交的内容，在 views.py 中编写如下代码：

```
from django.shortcuts import render
from django.http import HttpResponse, HttpResponseRedirect

from app1.forms import PersonForm


def get_name(request):
    # 判断请求方法是否为 POST
    if request.method == 'POST':
        # 将请求数据填充到 PersonForm 实例中
        form = PersonForm(request.POST)

        # 判断 form 是否为有效表单
        if form.is_valid():
            # form.cleaned_dataiR
            first_name = form.cleaned_data['first_name']
            last_name = form.cleaned_data['last_name']
            # 响应拼接后的字符串
            return HttpResponse(first_name + ' ' + last_name)
        else:
            return HttpResponseRedirect('/error/')
    # 请求为 GET 方法
    else:
        return render(request, 'name.html', {'form': PersonForm()})
```

在 HTML 文件中使用返回的表单的代码如下：

```
<form action="/app1/get_name" method="post">
{% csrf_token %}
{{ form }}
<button type="submit"> </button>
</form>
```

{{form}}是 Django 模板的语法，用来获取页面返回的数据，这个数据是一个 PersonForm 实例，所以 Django 就按照规则渲染表单。

注意：渲染的表单只是表单的字段，如上面 PersonForm 呈现的 HTML 代码，所以我们要在 HTML 中手动输入<form></form>标签，并指出需要提交的路由“/app1/getname”和请求的方法 post。并且，<form>标签的后面需要加上 Django 的防止跨站请求伪造模板标签{% csrf_token %}。简单的一个标签，就很好地解决了 form 表单提交出现跨站请求伪造攻击的情况。

7. 视图(views)

下面通过一个例子讲解如何在 Django 项目中定义视图，代码如下：

```
from django.http import HttpResponse

# 参数 request 为 HttpRequest 对象类型
def index(request):
    return HttpResponse("这是视图返回信息")
```

上面的代码定义了一个函数，返回了一个 HttpResponse 对象，这就是 Django 的 FBV(Function-Based View)基于函数的视图。每个视图函数都要有一个 HttpRequest 对象作为参数，用来接收来自客户端的请求，并且必须返回一个 HttpResponse 对象，作为响应提供给客户端。

django.http 模块下有诸多继承于 HtpReponse 的对象，其中大部分在开发中都可以利用到。例如，我们想在查询不到数据时，给客户端一个 HTTP404 的错误页面。可以利用 django.http 下面的 Http404 对象，代码如下：

```
from django.http import HttpResponse   #导入响应对象
import datetime   #导入时间模块
def current_datetime(request):   #定义一个视图方法,必须带有请求对象作为参数
    now =  datetime.datetime.now()    #请求的时间
    html="<html><body>Itisnow%s.</body></html>" % now   # 生成 HTML 代码
    return HttpResponse(html)   #将响应对象返回,数据为生成的 HTML 代码
```

上面的代码定义了一个函数，返回了一个 HttpResponse 对象，这就是 Django 的 FBV(Function-Based View)基于函数的视图。每个视图函数都要有一个 HttpRequest 对象作为参数，用来接收来自客户端的请求，并且必须返回一个 HttpResponse 对象，作为响应提供给客户端。

django.http 模块下有诸多继承于 HtpReponse 的对象，其中大部分在开发中都可以利用到。例如，我们想在查询不到数据时，给客户端一个 HTTP 404 的错误页面。可以利用 django.http 下面的 Http404 对象代码如下：

```
from django.shortcuts import render
from django.http import HttpResponse, HttpResponseRedirect, Http404
from app1.forms import PersonForm
from app1.models import Person
def person_detail(request, pk):   # url 参数 pk
   try:
      p = Person.objects.get(pk=pk)   # 获取 Person 数据
```

```
    except Person.DoesNotExist:
        raise Http404('Person Does Not Exist')    # 获取不到抛出 Http404 错误页面
    return render(request, 'person_detail.html', {'person': p}) #返回详细信息视图
```

8. Django 模板

Django 指定的模板引擎在 settings.py 文件中定义，代码如下：

```
TEMPLATES = [{
    # 模板引擎,莫人为 Django 模板
    'BACKEND': 'django.template.backends.django.DjangoTemplates',
    'DIRS': [],
    'APP_DIRS': True,
    'OPTIONS': {
    },
},
]
```

下面通过一个简单的例子，介绍如何使用模板，代码如下：

```
{% extends "base_generic.html" %}
{% blocktitle %}{{ section.title }}{% endblock %}
{% blockcontent %}
<h1>{{ section.title }}</h1>
{% for story in story_list %}
<h2>
    <a href="{{ story.get_absolute_url }}">
        {{story.headline|upper}}
  </a>
</h2>
<p>{{ story.tease|truncatewords:"100" }}</p>
{% endfor %}
{% endblock %}
```

Django 模板引擎使用{%%}来描述 Python 语句区别于<HTML>标签，使用{{}}来描述 Python 变量。上面代码中的标签及说明如表 13.9 所示。

表 13.9　Django 模板引擎中的标签及说明

标　签	说　明
{%extends'base_generic.html'%}	扩展一个母模板
{%block title%}	指定母模板中的一段代码块，此处为 title，在母模板中定义 title 代码块，可以在子模板中重写该代码块。block 标签必须是封闭的，要由“{%endblock%}”结尾
{{section.title}}	获取变量的值
{%for story in story_list%}，{%endfor%}	和 Python 中的 for 循环用法相似，必须是封闭的

Django 模板的过滤器非常实用，用来将返回的变量值做一些特殊处理，常用的过滤器如下。

- {{value|default："nothing"}}：用来指定默认值。
- {{value|length}}：用来计算返回的列表或者字符串长度。
- {{value|filesizeformat}}：用来将数字转换成人类可读的文件大小，如 13KB、128MB 等。
- {{value|truncatewords:30}}：获取返回的字符串的长度，此处为 30 个字符。
- {{value|lower}}：用于将返回的数据转换为小写字母。

13.4　本 章 小 结

本章内容涉及知识比较广泛，第一部分介绍前端 HTML、CSS 和 JavaScript 技术；第二部分介绍后端 Python 的 WSGI 知识；第三部分主要介绍 Python 的 Web 开发框架，首先介绍为什么要使用 Web 框架，以及 Python 中常用的 Web 框架。然后，重点介绍 Flask 和 Django 框架，主要包括框架的安装、基础知识和基本使用等内容。

相信读者在学习完本章后，不仅能够对前端技术有一定的了解，还能够理解 CGI、FASTCGI 和 WSGI 的关系，并能逐渐掌握 WSGI 技术以便应用在开发网站中。同时读者会对 Flask 和 Django 框架有基本的了解，为使用 Django 框架开发项目打下良好的基础。

第 14 章 网络爬虫开发

随着大数据时代的来临，网络信息量也变得更多更大，网络爬虫在互联网中的地位将越来越重要。本章将介绍通过 Python 语言实现网络爬虫的常用技术，以及常见的网络爬虫框架，最后将通过一个实战项目详细介绍爬虫爬取数据的整个过程。

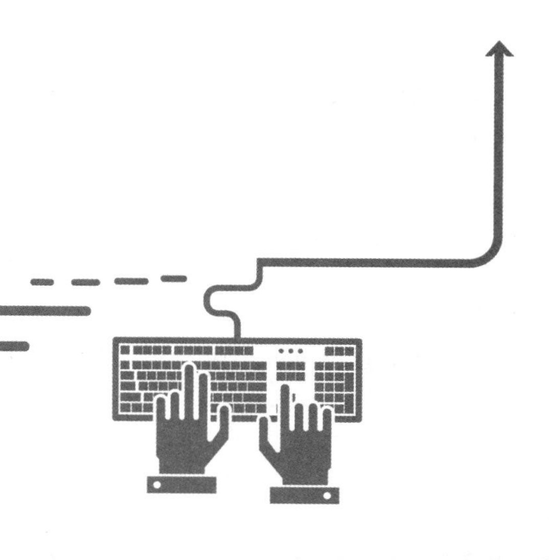

14.1 网络爬虫概述

网络爬虫(又被称为网络蜘蛛、网络机器人，在有些社区部落中经常被称为网页追逐者)，可以按照指定的规则(网络爬虫的算法)自动浏览或爬取网络中的信息，通过 Python 可以很轻松地编写爬虫程序或者脚本。

一个通用的网络爬虫基本工作流程如图 14.1 所示。

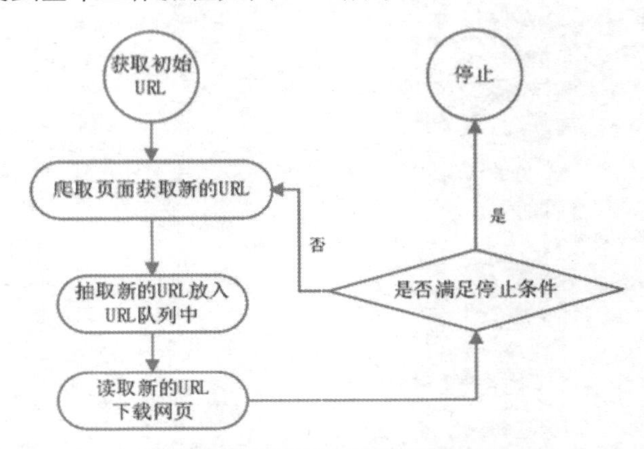

图 14.1 通用的网络爬虫基本工作流程

网络爬虫的基本工作流程如下。

(1) 获取初始的 URL，该 URL 地址是用户自己指定的初始爬取的网页。

(2) 爬取对应 URL 地址的网页时，获取新的 URL 地址。

(3) 将新的 URL 地址放入 URL 队列中。

(4) 从 URL 队列中读取新的 URL，然后依据新的 URL 爬取网页，同时从新的网页中获取新的 URL 地址，重复上述的爬取过程。

(5) 设置停止条件，如果没有设置停止条件时，爬虫会一直爬取下去，直到无法获取新的 URL 地址为止。设置了停止条件后，爬虫将会在满足停止条件时停止爬取。

14.2 网络爬虫的常用技术

14.2.1 Python 的网络请求

在上一节中多次提到了 URL 地址与下载网页，这两项是网络爬虫必备而又关键的功能，说到这两个功能，必然会提到 HTTP。本节将介绍在 Python 中实现 HTTP 网络请求常见的三种方式：urllib、urllib3 以及 requests。

1. urllib 模块

urllib 是 Python 自带模块，该模块中提供了一个 urlopen()方法，通过该方法指定 URL

发送网络请求来获取数据。urllib 提供了多个子模块，具体的模块名称与含义如表 14.1 所示。

表 14.1　urlib 中的子模块

模块名称	描　述
urllib.request	该模块定义了打开 URL(主要是 HTTP)的方法和类，例如，身份验证、重定向、cookie 等
urllib.error	该模块中主要包含异常类，基本的异常类是 URLEror
urllib.parse	该模块定义的功能分为两大类：URL 解析和 URL 引用
urllib.robotparser	该模块用于解析 robots.txt 文件

通过 urllib.request 模块实现发送请求并读取网页内容的简单示例如下：

```
import urllib.request. #导入模块
#打开指定需要爬取的网页
response = urllib.request.urlopen('http://www.baidu.com')
#读取网页代码
html = response.read()
#打印读取内容
print(html)
```

上面的示例中，是通过 get 请求方式获取百度的网页内容。下面通过使用 urllib.request 模块的 post 请求实现获取网页信息的内容，示例如下：

```
import urllib.parse
import urllib.request
#将数据使用 urlencode 编码处理后,再使用 encoding 设置为 utf-8 编码
data = bytes(urllib.parse.urlencode({'word':'hello'}),encoding='utf8')
#打开指定需要爬取的网页
response = urllib.request.urlopen('http://httpbin.org/post',data=data)
#读取网页代码
html = response.read()
#打印读取内容
print(html)
```

说明： 这里通过 http://httpbin.org/post 网站进行演示，该网站可以作为练习如何使用 urllib 的一个站点，可以模拟各种请求操作。

注意： 由于本章使用 Scrapy 爬虫框架和 Crawley 爬虫框架，代码部分与 IDLE 中的颜色有不一致的情况，这是考虑了与环境一致的原则。

2. Urllib3 模块

Urllib3 是一个功能强大，条理清晰的 HTTP 客户端，适用于 Python。Urllib3 提供了很多 Python 标准库里所没有的重要特性：

- 线程安全。
- 连接池。
- 客户端 SSL/TLS 验证。
- 使用大部分编码上传文件。

- Helpers 用于重试请求并处理 HTTP 重定向。
- 支持 gzip 和 deflate 编码。
- 支持 HTTP 和 SOCKS 代理。
- 100%的测试覆盖率。

通过 Urllib3 模块实现发送网络请求的示例代码如下：

```
import urllib3
# 创建 PoolManager 对象,用于处理与线程池的连接以及线程安全的所有细节
http = urllib3.PoolManager()
# 对需要爬取的网页发送请求
response = http.request('GET','https://www.baidu.com/')
# 打印读取内容
print(response.data)
```

post 请求实现获取网页信息的内容，关键代码如下：

```
# 对需要爬取的网页发送请求
response = http.request('POST', 'http://httpbin.org/post',fields={'word':
'hello'})
```

注意: 在使用 Urllib3 模块前，需要在 Python 中通过 pipinstallurllib3 代码进行模块的安装。

3. requests 模块

requests 是 Python 中实现 HTTP 请求的一种方式，requests 是第三方模块，该模块在实现 HTTP 请求时要比 urllib 模块简化很多，操作更加人性化。在使用 requests 模块时需要通过执行 pipinstallrequests 代码进行该模块的安装。requests 模块的功能特性如下：

- Keep-Alive & 连接池。
- 基本/摘要式的身份认证。
- Unicode 响应体。
- 国际化域名和 URL。
- 优雅的 key/value Cookie。
- HTTP(S)代理支持。
- 带持久 Cookie 的会话。
- 自动解压。
- 文件分块上传。
- 浏览器式的 SSL 认证。
- 流下载。
- 分块请求。
- 连接超时。
- 自动内容解码。
- 支持.netr。

以 GET 请求方式为例，打印多种请求信息的示例代码如下：

```
import requests  # 导入模块
```

```
response = requests.get('http://www.baidu.com')
print(response.status_code) # 打印状态码
print(response.url)  # 打印请求 url
print(response.headers) # 打印头部信息
print(response.cookies)   # 打印 cookie 信息
print(response.text)  # 以文本形式打印网页源码
print(response.content) # 以字节流形式打印网页源码
```

以 POST 请求方式，发送 HTTP 网络请求的示例代码如下：

```
import requests
data = {'word': 'hello'}.  # 表单参数
# 对需要爬取的网页发送请求
response = requests.post('http://httpbin.org/post', data=data)
print(response.content)  # 以字节流形式打印网页源码
```

requests 模块不仅提供了以上两种常用的请求方式，还提供以下多种网络请求的方式。代码如下：

```
requests.put('http://httpbin.org/put',data = {'key':'value'}) # PUT
requests.delete('http://httpbin.org/delete')   # DELETE
requests.head('http://httpbin.org/get')   # HEAD 请求
requests.options ('http://httpbin.org/get')   # OPTIONS 请求
```

如果请求的 URL 地址中参数是跟在?的后面，例如 abc.org/get?key=val，requests 模块提供了传递参数的方法，允许使用 params 关键字参数，以一个字符串字典来提供这些参数。例如，传递 keyl=valuel 和 key2=value2 到 abc.org/get，可以使用如下代码：

```
import requests
# 传递的参数
payload = {'keyı': 'value1', 'key2': 'value2'}
# 对需要爬取的网页发送请求
response = requests.get("http://abc.org/get", params=payload)
print(response.content)
```

14.2.2　请求 headers 处理

有时在请求一个网页内容时，发现无论通过 GET 或者是 POST 以及其他请求方式，都会出现 403 错误。产生这种错误是由于该网页为了防止恶意采集信息而使用了反爬虫设置，从而拒绝了用户的访问。此时可以通过模拟浏览器的头部信息来进行访问，这样就能解决以上反爬设置的问题。下面以 requests 模块为例介绍请求头部 headers 的处理，具体步骤如下。

(1)　通过浏览器的网络监视器查看头部信息，首先通过谷歌浏览器打开对应的网页地址，然后按下 Ctrl+Shift+E 快捷键打开网络监视器，再刷新当前页面，网络监视器将显示如图 14.2 所示的数据变化。

(2)　选中第一条信息，右侧的消息头面板中将显示请求头部信息，然后复制该信息，如图 14.3 所示。

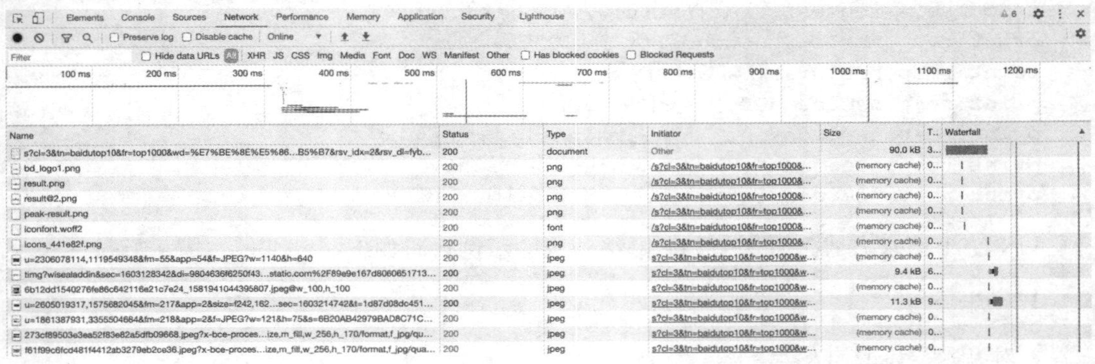

图 14.2　网络监视器的数据变化

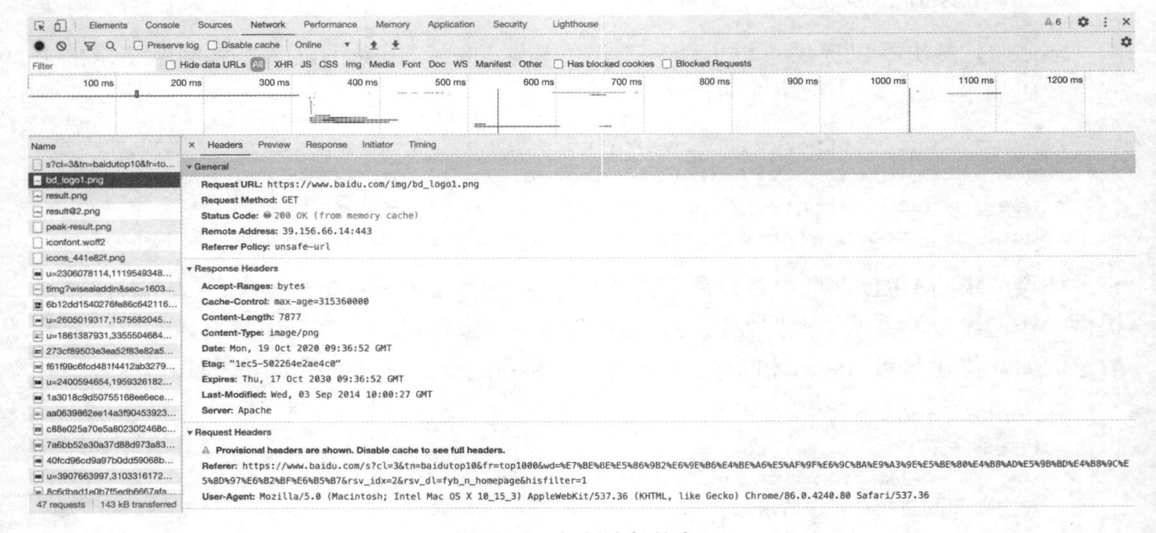

图 14.3　复制头部信息

(3) 实现代码，首先创建一个需要爬取的 url 地址，然后创建 headers 头部信息，再发送请求等待响应，最后打印网页的代码信息。实现代码如下：

```
import requests
url = 'https://www.baidu.com/'  # 创建需要爬取网页的地址
# 创建头部信息
headers = {'User-Agent':'Mozilla/5.0(Windows NT 6.1;W...) Gecko/20100101
Firefox/59.0'}
# 发送网络请求
response = requests.get(url, headers=headers)
print(response.content). # 以字节流形式打印网页源码
```

14.2.3　网络超时

在访问一个网页时，如果该网页长时间未响应，系统就会判断该网页超时，所以无法打开网页。下面通过代码来模拟一个网络超时的现象，代码如下：

```
import requests

# 循环发送请求 50 次
for a in range(0, 50):
    try:  # 捕获异常
        # 设置超时为 0.5 秒
        response = requests.get('https://www.baidu.com/', timeout=0.1)
        print(response.status_code)  # 打印状态码
    except Exception as e:  # 捕获异常
        print('异常' + str(e))  # 打印异常信息
```

说明：上面的代码中，模拟进行了 50 次循环请求，并且设置了超时的时间为 0.5 秒，所以在 0.5 秒内服务器未做出响应将视为超时，将超时信息打印在控制台中。

说起网络异常信息，requests 模块同样提供了 3 种常见的网络异常类，具体示例代码如下：

```
import requests
# 导入 requests.exceptions 模块中的 3 种异常类
from requests.exceptions import ReadTimeout,HTTPError, RequestException
# 循环发送请求 50 次
for a in range (0, 50):
    try:   # 捕获异常
         # 设置超时为 0.5 秒
         response = requests.get('https://www.baidu.com/', timeout=0.5)
         print(response.status_code). # 打印状态码
     # 超时异常
     except ReadTimeout:
          print('timeout')
     except HTTPError:
     # HTTP 异常
          print('httperror')
     except RequestException:
     # 请求异常
          print('reqerror')
```

14.2.4　代理服务

在爬取网页的过程中，经常会发现不久前可以爬取的网页现在无法爬取了，这是因为您的 IP 被爬取网站的服务器所屏蔽了。此时代理服务可以为您解决这一麻烦，设置代理时，首先需要找到代理地址，例如，122.114.31.177，对应的端口号为 808，完整的格式为 122.114.31.177:808。示例代码如下：

```
import requests

proxy = {'http': '122.114.31.177:808',
         'https': '122.114.31.177:8080'}  # 设置代理 IP 与对应的端口号

# 对需要爬取的网页发送请求
response = requests.get('http://www.baidu.com/', proxies=proxy)
```

```
print(response.content)  # 以字节流形式打印网页源码
```

💡 **注意：**由于示例中代理 IP 是免费的，所以使用的时间不固定，超出使用的时间范围内该地址将失效。

14.2.5 HTML 解析之 Beautiful Soup

Beautiful Soup 是一个用于从 HTML 和 XML 文件中提取数据的 Python 库。Beautiful Soup 提供一些简单的函数，用来处理导航、搜索、修改分析树等功能。Beautiful Soup 模块中的查找提取功能非常强大，而且非常便捷，它通常可以节省程序员大量的工作时间。

Beautiful Soup 自动将输入文档转换为 Unicode 编码，输出文档转换为 UTF-8 编码。你不需要考虑编码方式，除非文档没有指定一个编码方式，这时，Beautiful Soup 就不能自动识别编码方式了。然后，你仅仅需要说明一下原始编码方式就可以了。

1. Beautiful Soup 的安装

Beautiful Soup 3 已经停止开发，目前推荐使用的是 Beautiful Soup 4，不过它已经被移植到 bs4 当中了，所以在导入时需要 from bs4 然后再导入 Beautiful Soup。安装 Beautiful Soup 有以下两种方式。

方式一：如果您使用的是最新版本的 Debian 或 Ubuntu Linux，则可以使用系统软件包管理器安装 Beautiful Soup，安装命令为：apt-get install python-bs4。

方式二：Beautiful Soup 4 是通过 PyPi 发布的，在 Windows 系统下可以通过 easy_install 或 pip 来安装。包名是 beautifuldoup4，它可以兼容 Python 2 和 Python 3。安装命令为 easy_install beautifuldoup4 或者是 pip install beautifuldoup4。

2. Beautiful Soup 的使用

Beautiful Soup 安装完成以后，下面将介绍如何通过 Beautiful Soup 库进行 HTML 的解析工作，具体示例步骤如下。

(1) 导入 bs4 库，然后创建一个模拟 HTML 代码的字符串，代码如下：

```
from bs4 import BeautifulSoup
# 创建模拟 HTML 代码的字符串
html_doc = """
<html><head><title>The Dormouse's story</title></head>
<body>
<p class="title"><b>The Dormouse's story</b></p>
<p class="story">Once upon a time there were three little sisters; and
their names were
<a href="http://example.com/elsie" class="sister" id="link1">Elsie</a>,
<a href="http://example.com/lacie" class="sister" id="link2">Lacie</a>
and
<a href="http://example.com/tillie" class="sister" id="link3">Tillie</a>;
 and they lived at the bottom of a well.</p>

"""
```

(2) 创建 Beautiful Soup 对象，并指定解析器为 lxml(可选择的解析器类型参见表 14.2)，最后通过打印的方式将解析的 HTML 代码显示在控制台中，代码如下：

```
# 创建一个 Beautiful Soup 对象,获取页面正文
soup = BeautifulSoup(html_doc, features="lxml")
print(soup). # 打印解析的 HTML 代码
```

说明： 如果将 html_doc 字符串中的代码保存在 index.html 文件中，可以通过打开 HTML 文件的方式进行代码的解析，并且可以通过 prettify()方法进行代码的格式化处理，代码如下：

```
# 创建 Beautiful Soup 对象打开需要解析的 HTML 文件
soup = BeautifulSoup(open('index.html'),'lxml')
print(soup.prettify())    # 打印格式化后的代码
```

表 14.2　解析器的比较

解 析 器	用　法	优　点	缺　点
Python 标准库	BeautifulSoup(markup, "html.parser")	Python 标准库 执行速度适中	(在 Python 2.7.3 或 3.2.2 之前的版本中)文档容错能力差
lxml 的 HTML 解析器	BeautifulSoup(markup, ".lxml")	速度快、文档容错能力强	需要安装 C 语言库
lxml 的 XML 解析器	BeautifulSoup(markup, "xml")	速度快、唯一支持 XML 的解析器	需要安装 C 语言库
html5lib	BeautifulSoup(markup, "html5lib")	最好的容错性、以浏览器的方式解析文档生成 HTML5 格式的文档	速度慢，不依赖于外部扩展

14.3　网络爬虫开发常用框架

爬虫框架就是一些爬虫项目的半成品，可以将一些爬虫常用的功能写好。然后留下一些接口，在不同的爬虫项目中，调用适合自己项目的接口，再编写少量的代码实现自己需要的功能。因为框架中已经实现了爬虫常用的功能，所以为开发人员节省了很多精力与时间。

14.3.1　Scrapy 爬虫框架

Scrapy 框架是一套比较成熟的 Python 爬虫框架，简单轻巧，并且非常方便，可以高效率地爬取 Web 页面并从页面中提取结构化的数据。Scrapy 是一套开源的框架，所以在使用时不需要担心收取费用的问题。Scrapy 的官网地址为 https://scrapy.org，官网页面如图 14.4 所示。

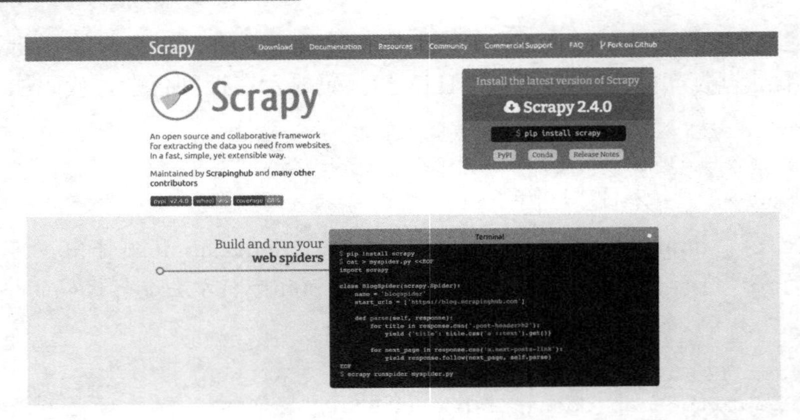

图 14.4　Scrapy 的官网页面

说明：Scrapy 开源框架对开发者提供了非常贴心的开发文档，文档中详细地介绍了开源框架的安装以及 Scrapy 的使用教程。

14.3.2　Crawley 爬虫框架

Crawley 也是 Python 开发出的爬虫框架，该框架致力于改变人们从互联网中提取数据的方式。

Crawley 的具体特性如下：

- 基于 Eventlet 构建的高速网络爬虫框架。
- 可以将数据存储在关系数据库中，如 Postgres、MySQL、Oracle、SQLite 等数据库。
- 可以将爬取的数据导入为 Json，XML 格式。
- 支持非关系数据库，例如，Mongodb 和 Couchdb。
- 支持命令行工具。
- 可以使用您喜欢的工具进行数据的提取，例如，XPath 或 Pyquery 工具。
- 支持使用 Cookie 登录或访问那些只有登录才可以访问的网页。
- 简单易学(可以参照示例)。

Crawley 的官网地址为 http://project.crawley-cloud.com，官网页面如图 14.5 所示。

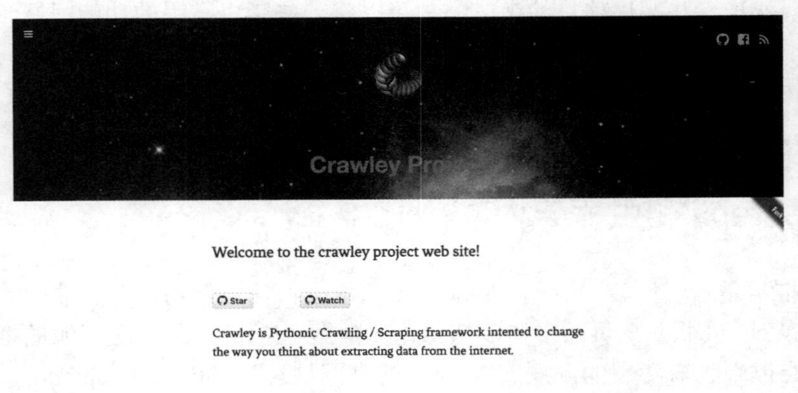

图 14.5　Crawley 的官网页面

14.3.3　PySpider 爬虫框架

相对于 Scrapy 框架而言，PySpider 框架还是新秀。PySpider 框架采用 Python 语言编写，分布式架构，支持多种数据库后端，强大的 WebUI 支持脚本编辑器、任务监视器，项目管理器以及结果查看器。

PySpider 框架的具体特性如下：

- Python 脚本控制，可以用任何你喜欢的 HTML 解析包(内置 pyquery)。
- Web 界面编写调试脚本、起停脚本、监控执行状态、查看活动历史、获取结果产出。
- 支持 MySQL、MongoDB、Redis、SQLite、Elasticsearch、PostgreSQL 与 SQLAlchemyE 等数据库。
- 支持 RabbitMQ、Beanstalk、Redis 和 Kombu 作为消息队列。
- 支持抓取 JavaScript 的页面。
- 强大的调度控制，支持超时重爬及优先级设置。
- 组件可替换，支持单机/分布式部署，支持 Docker 部署。

注意： PySpider 的开源地址为 https://github.com/binux/pyspider；参考文档地址为 http://docs.pyspider.org/en/latest/。

14.4　本 章 小 结

本章主要介绍了什么是网络爬虫以及网络爬虫的分类与基本原理，然后介绍了网络爬虫的常用技术：如何进行网络请求、headers 头部处理、网络超时、代理服务以及解析 HTML 的常用模块。

在编写网络爬虫时，可以使用多种第三方模块库进行网络数据的扒取。在进行大型网站或网络数据的获取时，可以使用第三方开源的爬虫框架，这样可以通过框架中原有的接口实现自己需要的功能。

通过学习本章内容，读者可以对 Python 网络爬虫有一定的了解，学会网络爬虫的初步使用，为今后网络爬虫的项目开发打下良好的基础。